人类上天那些事儿

张周项 —— 著

刘征楠 —— 绘

湖南科学技术出版社 · 长沙

图书在版编目（CIP）数据

人类上天那些事儿 / 张周项著. -- 长沙 ： 湖南科学技术出版社，2025. 9. --（漫画航天）. -- ISBN 978-7-5710-3232-6

Ⅰ. V4-091

中国国家版本馆 CIP 数据核字第 2024E9J377 号

RENLEI SHANG TIAN NAXIE SHI ER

人类上天那些事儿

著　　者：张周项
绘　　者：刘征楠
出 版 人：潘晓山
责任编辑：邹　莉
出版发行：湖南科学技术出版社
社　　址：长沙市芙蓉中路一段 416 号泊富国际金融中心
网　　址：http://www.hnstp.com
湖南科学技术出版社天猫旗舰店网址：
　　　　http://hnkjcbs.tmall.com
邮购联系：0731-84375808
印　　刷：湖南省众鑫印务有限公司
　　　　（印装质量问题请直接与本厂联系）
厂　　址：湖南省长沙市长沙县㮾梨街道梨江大道 20 号
邮　　编：410100
版　　次：2025 年 9 月第 1 版
印　　次：2025 年 9 月第 1 次印刷
开　　本：880 mm×1230 mm　1/32
印　　张：5
字　　数：107 千字
书　　号：ISBN 978-7-5710-3232-6
定　　价：39.00 元

目录

1

古代航天思想萌芽

——你还记得那位明朝万户吗？

你仔细看过月亮吗?

找一个月明星稀的晚上,准备一台天文望远镜对准月亮。如果你运气足够好,望远镜倍数足够高,你会在镜头中隐约看到月球东边的边缘有一个黑色小点,那就是"东方海"。

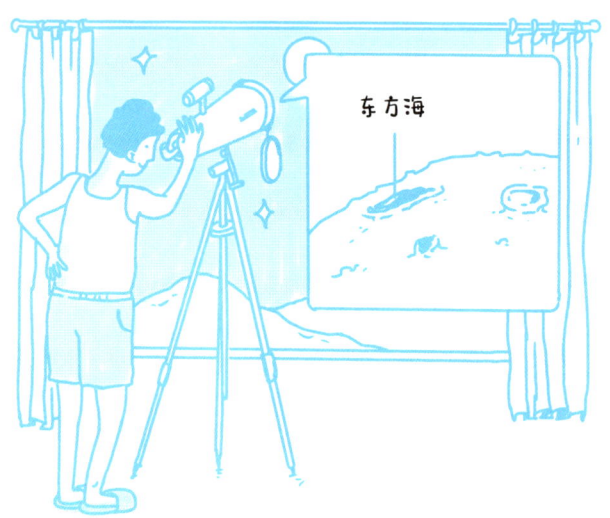

"东方海"的名称,是一个全方位的美丽误会。首先,"东方海"它不是海,月球那点吸引力根本留不住液态水,怎么可能形成

海洋?那不过是片洼地,看起来比周围黯淡一些,所以被古代天文学家误以为是和地球上一样的海洋罢了。

其次,"东方海"其实是在月球的西面。天文学家从天文望远镜里看到的月面都是左右颠倒的,但在发现它的年代,天文学家并不知道这一事实。这些因素结合起来,就给这片洼地安上了"东方海"这个怎么看都不太对的名称。

在浩瀚的东方海里,有一个小小的环形山,叫"万户环形山",其命名是为了纪念中国明朝一位叫陶成道的士大夫,万户是他的官衔。当时的中国人已经对火药有了比较深入的研究,能制造出依靠喷火向前飞行的火箭,类似于咱们今天过年放的窜天猴,陶成道做了一把椅子,椅子上安装了 47 支当时最大的火箭,然后他双手各持一个大风筝,让人把自己捆在椅子上并点燃火箭,想利用火箭让自己飞起来。

陶成道的实验当然没有成功。他的遗骸在哪，我们不是很清楚，甚至这位勇敢的万户在中国古书记录中都没有留下只言片语，他的故事只存在于欧美文献中。我们只知道，陶成道的这一壮举被天文学家普遍认为是人类航天史上早期的重要尝试。

为纪念这位对人类航天事业做过贡献的人，国际天文联合会于1970 年把月球上的一座环形山命名为"万户环形山"，位置就在"东方海"里。

古代中国航天幻想：不用翅膀，用火箭！

万户其实并不是中国古代向往飞行的第一人。在他之前很久很久，古代中国人就做过不止一次飞行的尝试：

《墨子》记载，墨子曾费时 3 年制造了一个叫木鸢的飞行器，但只飞了一天就掉了下来；同时代的鲁班也用竹子木头削了个鹊，能飞 3 天。鸢是老鹰、鹊是喜鹊，据猜测，这两个飞行器应该都是飞鸟形状的。

咻 × 100

《汉书·王莽传》记载，王莽当政期间为抗击匈奴，曾下令寻求民间异能之士,有人应征说自己会飞。王莽让他表演,他就当众给自己穿上俩羽毛做的大翅膀,身上也插满羽毛,还装上环纽,弹跳而起,在空中"飞数百步堕"。

这位羽毛翼装侠的飞行梦比万户至少早了 1300 年,而鲁班、墨子更是比万户早了将近 1800 年。

那为什么还要如此隆重地纪念这位万户呢?

因为万户的飞行尝试与先驱们有两点本质的不同。首先,在飞行目的上,墨子、鲁班所送上天的是鸟状飞行器,并未装载人员,王莽时期的那位羽毛翼装侠也仅仅是为了飞到几米、十几米高的半空中侦察敌情,飞得再高反而无法看清;相较之下,万户的目标显得尤为宏大,据传他是在一位将军好友遇害后,萌生了逃到月球生活的念头。这可是载人飞行,且距离长达 38 万千米,其雄心壮志可比前边几位都要高。

当然,万户可能不知道月球有 38 万千米之遥,但从他为了爬上高山所做的准备来看,他是明白这趟旅途并不近的。为此他做了大量准备工作,其中最重要的一本参考资料叫《火箭书》,这是那位被害的将军朋友留给他的。

其次,在飞行原理上,王莽时期的那位飞行侠和墨子、鲁班依赖的是翅膀,通过扩大自身表面积,利用气流把自己托起来。而万户用的是火箭,依靠向后高速喷出大量物质形成的反作用力推动自己向前、向上飞行,这至今仍是人类航天的基本原理,现代火箭也是靠向后喷射物质产生推力前进,只是构造更为庞大复杂,所使用的燃烧喷射物质也有所不同。

因此，我们可以看出，万户确实在尝试造火箭，尽管这种火箭相对原始，类似于烟花级别。

再回顾古代神话传说，我们会发现在古人的观念中，翅膀往往与飞翔于半空联系在一起。比如，《封神演义》中的雷震子，就在背肋下生出一对"风雷双翅"；《山海经》中的羽人国，则是"人长头，身生羽"；四大凶兽之一的穷奇，有牛的体型和老虎的相貌，再生一对翅膀，在各种传说中吃掉恶人。

但飞得远到天边的情况反而不受翅膀束缚了。同样是《封神演义》，姜子牙飞到山顶上不用翅膀，而是骑着梅花鹿；《西游记》中所构想的天宫中，里边的神仙基本上是没长翅膀的；在《淮南子·览冥训》中，嫦娥吃了仙药后，身体便轻飘飘地奔向了月亮。或许正是受到这些神话传说的启发，那位明朝万户才没有选择插满羽毛的翅膀来实现飞天梦想，而是转向了更为复杂且直接的方式——火箭。

如今，我们知道，飞到半空中叫航空，飞到月球上叫航天。航空是在大气层内的飞行，比如鸟类，主要靠各种方式往后扇动空气，借助空气的反作用力来攀升高度，恰如古诗所云："好风凭借力，助我上青云。"航天则是要冲出大气层的束缚，必须自备足够的推进物质，通过喷射产生反作用力来推动自身前进，在这无风无云的宇宙中，一切都只能依靠飞行器自身的力量！

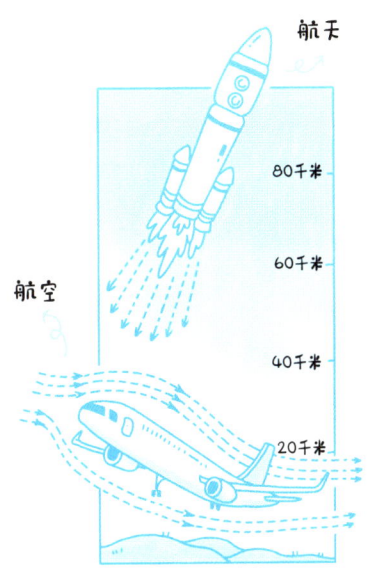

当然，我们不能因此断言我们的祖先已经洞悉了航空与航天的奥秘，毕竟，在他们所处的时代，地球的形状，大气层的存在以及作为大气层边界的卡门线等概念都还是未知的。但从这些历史记载和神话传说中，我们至少可以推断，他们朴素地感知到了飞到屋顶和飞抵月亮之间的本质差异。

他们观察到鸟能飞到屋顶和半空，认为自己懂得这种低空飞行的原理，所以想象出了带有翅膀的鸟人形象并付诸实践；但对于月球这个遥远的目标，他们无法想象出如何抵达那里，因此，在描绘飞天场景时，干脆不描写飞行原理，而是直接让人或物飞过去了。

相比之下，古代欧洲一些最初的航天科幻作品则展现出了更为狂野和惊人的想象力。

古代西方航天科幻：去月球可以爬藤蔓

在公元 2 世纪，有一位叫卢奇安的叙利亚作家，他是一位"斜杠青年"，学过雕刻、做过演说家，还当过法官。他有部传世名著叫《真实的故事》，其实一点都不真实，其中就写到有一艘在大西洋上航行的船被风吹到天上，航行 8 天后才到达一片悬空的陆地。这片陆地上有居民、耕地、城市，也有山脉，和地球很像。

斜杠青年

它就是月球。但这里的国王也是位地球人，是睡觉时被拐来的。作者在这本书中讲述了这个月球与太阳开战，主角们加入月球军队与太阳军队作战,直到最终恢复和平的故事。

《真实的故事》是西方航天科幻作品的鼻祖,文艺复兴以后,很多人的创作都受到这部作品的影响,把月球看作一块悬空于地球上空的土地。比如天文学家开普勒,即高中物理课本上开普勒三定律的提出者,就写过一本叫《梦想》的科幻小说,让人靠神秘的"意念力"登上了月球。

还有法国作家贝尔热拉克出版过一本叫《月球之旅》的小说,在这部作品中,他巧妙地安排登月者乘坐一种背后装有六组爆竹的飞行器登月。旅行者每飞行一段距离,就点燃一组爆竹,推动飞行器继续前行。

这种设想不仅超越了火箭的概念,甚至已经预见了多级火箭的存在,让人不得不佩服作者惊人的想象力。

在 18 世纪的德意志地区,有一位名叫敏豪森的男爵。在那个侯爵遍地、男爵身份卑微的年代,他之所以能穿越时光留下自己的姓名,主要归功于他的一部自述故事集:《吹牛男爵历险记》。从书名可以看出，这部作品中充满了夸张和虚构。

在这本历险记中，敏豪森男爵讲述了他作为战俘卖为奴隶的经历：

在为奴的那段时间里，他养了一群蜜蜂，并在两只狗熊试图抢夺蜂蜜时扔出一把银斧子，成功吓跑了两名狗熊强盗。但他臂力过人，斧子被扔得太高，一下飞到了月亮上，再也无法取回了。

这可怎么办呢？这位吹牛专家自有办法，只见他在地上种下一颗豌豆种子，豌豆藤蹭蹭地往上长，很快就到达了月亮。

吹牛男爵运气不错，这时恰逢弦月，月亮像个小钩子，所以藤蔓钩住了月亮的一个角。吹牛男爵就是这样爬到了月球上，并在一片银色中找到了自己的银斧子。但就在这时，藤蔓被太阳烤焦了。

于是吹牛男爵在月球上找到些干草，搓成一条绳往下慢慢爬。但是，月亮离地面太远，绳子不够长，他就爬一段再砍断上边的绳子，接到下边继续爬。就这样，爬到离地还有几千米的时候绳子断了，他摔了下去，把地面砸了个大坑，醒来后他又在坑里用指甲挖出一级一级的阶梯，顺着往上走才回到了地表。

近代航天科幻：人间大炮，把人打到月球上

当然，吹牛男爵的经历并不可信，但有些书籍的书名并未包含"吹牛"二字，其内容却同样令人咋舌。例如法国作家儒勒·凡尔纳的《从地球到月球》，书中描述了一段奇妙的旅程，让人不禁为之惊叹。

1865 年 4 月，美国南北战争历经 4 年的腥风血雨终于落幕。在这场战争中，大口径远射程的大炮首次登场，成为战场上成片收割生命的杀器。或许正是这些大炮的轰鸣声启发了凡尔纳创作出《从地球到月球》，在战争结束 5 个月后，这部小说开始在报刊上连载，而后得以结集出版发行。在这部小说中，有一些大炮专家，在战争结束后无所事事，于是他们宣布组建大炮委员会，试图通过一枚炮弹将人类送上月球。

这台大炮耗费了一年多的时间才制造完成，最终带着一根长 900 英尺（约 274.32 米）、直径 15 英尺（约 4.572 米）的炮管屹立在美国佛罗里达州。随着一声巨响，一颗球形炮弹将 3 名航天

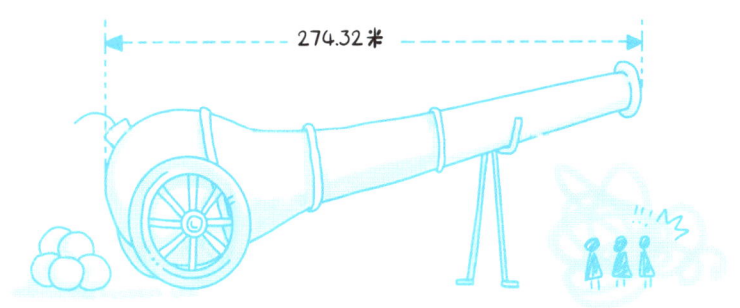

员送入太空。然而，这场发射造成了强烈的气流，引发了一场地震，摧毁了地面上 100 多座建筑，许多人因此受伤。发射产生的海浪甚至将大西洋上的一些船只卷入了海底。

遗憾的是，尽管付出了如此高昂的代价，大炮并没有将航天员送上月球。炮弹反而绕着月球转动，成为了地球卫星的卫星，3 名航天员也因此滞留在了星空之中。不得不说，看到小说的结尾，确实令人动容，凡尔纳将航天员的付出与危险描绘得淋漓尽致、扣人心弦。

然而，读者们对这个结局感到不满，认为三名人类航天先驱就这样生死未卜太过残忍。在读者的一再要求下，凡尔纳写了一部续集，将 3 位航天员从环月球轨道上救了下来。

凡尔纳的小说大火之后，为科幻作家们打开了一个新的创作领域：原来大炮还可以充当交通工具！

1987 年，日本科幻电视剧《恐龙特急克塞号》被引进，在当时刚普及的电视屏幕上取得了霸屏效果。这部剧中就有一个超级武器"人间大炮"，原本平凡的男主角经它发射后，就能化身超人"克塞"，勇斗外星怪物。在 20 世纪八九十年代，许多男孩子在课间玩耍时都会模仿这一招，可见其影响之深。

《恐龙特急克塞号》是真人演出的特效电影，受到了道具的限制，但在动画片中，创作者的想象力得到了更多的释放。在大小朋友们都喜闻乐见的喜羊羊与灰太狼的故事里，就有懒羊羊玩石头大炮、把自己发射出去的有趣情节。

　　将不同时期的航天科幻作品进行对比，可以发现科幻作品中的现实元素逐渐增多。早期的人们对航天原理一无所知，因此他们的设想五花八门。随着科技的发展，人们开始认识到火箭的重要性，并开始将现实中的技术，如大炮，融入航天科幻作品中，科幻作品也开始变得更加有真实感。

　　今天，我们已经了解了航天原理，那些早期的想象看起来并不靠谱。然而，正是对太空的向往和对揭示月球秘密的渴望推动了人类航天事业的发展。在这些渴望的驱动下，人类开发出了一项又一项技术，逐步进入了太空。

　　毕竟，敢想是敢做的第一步。

航天时代的黎明
——工业革命为航天打下的技术基础

1000°C

要把火箭送上天，需要分几步？

从旁观者的角度来看，这个过程似乎非常简单，和把大象装冰箱一样，总共只需要三个步骤：首先，将火箭放置在发射台上；然后，倒计时点火；接着火箭在浓烟中腾空而起，控制室和电视机前的人们为之欢呼。

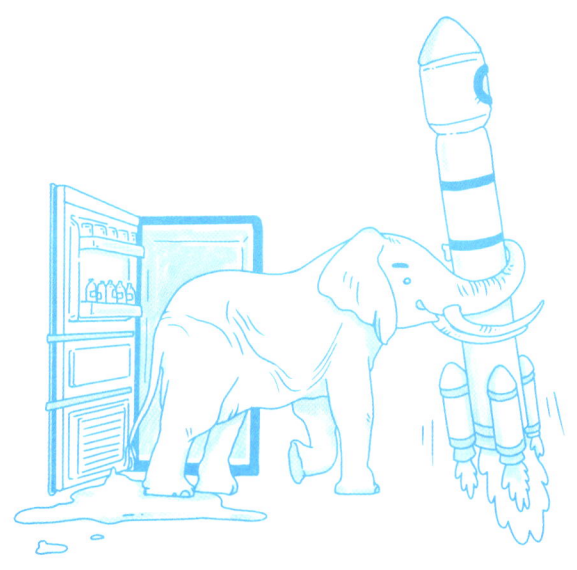

但对于火箭和飞船的设计和制造团队来说，他们需要完成的任

务却无比繁重。火箭升空需要强大的发动机，那么要如何制造这样的发动机？火箭发动机需要什么样的燃料？蜂窝煤、水洗煤、汽油、柴油、橄榄油等行不行？如果都不行，哪种燃料才行？

在穿越大气层的过程中，火箭会与空气发生剧然的摩擦，温度会急剧上升，如何才能避免火箭被烧毁？当航天员返回地球时，返回舱需要安装玻璃，这种玻璃如何才能承受高温？火箭在单程飞行数百千米的过程中，如何确保被全程监控到？火箭燃烧完燃料后需要返回地球，如何确保不会撞击到地面的花花草草？

一枚看似简单的火箭，实际上涉及很多技术和学科。在人类文明的发展过程中，正是这些技术和学科水平的逐步成熟，为火箭飞天奠定了坚实的基础。

液氧、液氢：火箭可不烧水洗煤！

1774 年，英国化学家普利斯特里通过加热红汞，发现了一种能够支持燃烧的气体，他还发现大鼠在这种气体中表现得更加愉悦。后来，普利斯特里访问了巴黎，并向一位法国化学家分享了他的发现。这位法国化学家按照同样的方法加热红汞，也得到了这种气体，并观察到蜡烛在这种气体中燃烧得更加剧烈。

这位法国化学家就是中学化学课本上的名人——拉瓦锡，他们发现的这种气体就是氧气。正因为这桩公案，直到今天英国和法国的学术界仍在争论究竟是哪国的化学家先发现了氧气。

不论这顶桂冠最终落在谁头上，人们都因此意识到在纯氧中物质燃烧要比在空气中剧烈得多。在空气中只会出现火星的木条，放入纯氧后便会燃烧出明亮的火焰；在空气中只能烧红的铁丝，在纯氧中竟然能释放出灿烂的火花！

这一现象的原理并不复杂：物质的燃烧本质上是与氧气发生化学反应的过程。当氧气浓度增高，与燃烧物质的接触面积增大时，反应自然会变得非常剧烈。

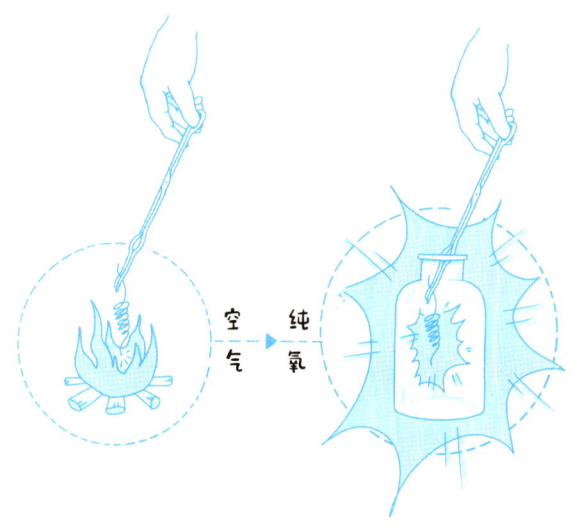

对于火箭而言，纯氧无疑是最理想的助燃剂。无论是古代的万户飞天所使用的原始烟花级火箭，还是今天将航天员送上空间站的现代化火箭，如"胖五"，它们的基本原理都是通过燃烧后喷射气体，利用反作用力实现前进。在纯氧中，燃料燃烧得更加剧烈，后喷气体更加猛烈，从而使火箭的速度更快。

不过火箭所使用的燃料是有严格要求的，不是任何物质都可以随意充当火箭的燃料。

有人可能会问，喷气式飞机不也是利用类似原理吗？不一样，飞机是在大气层内飞行，只需要带上燃料，飞机引擎就可以利用周围空气中的氧气来助燃。但火箭不同，它需要穿越大气层，越往高空空气越稀薄，到了太空就没有氧气了，所以火箭必须自带助燃物以供燃烧。为了减轻火箭的总体重量，携带液态氧作为助燃物是最理想的选择。

然而，将液态氧作为助燃物并非易事。飞机使用空气中的氧气简单直接，而火箭储存助燃物则需要一个专门的储藏室，太多就会太重，太少又不够用。这是一个看似简单但实则复杂的工程问题。

幸运的是，这个问题被一位名叫林德的德国化学家解决了。林德教授原本是一位擅长制造冰的专家，并且创建了世界上第一家制冰公司。但他不仅仅满足于制造冰，他还将目光转向了液化空气。通过低温高压的技术，他的团队在 1899 年成功得到了高浓度的液态氧，这种状态下氧的体积只有气态氧的八百分之一，极大地减少了储存空间的需求。这一突破性发明为火箭技术的发展铺平了道路，使得储存和运输大量液态氧成为可能。

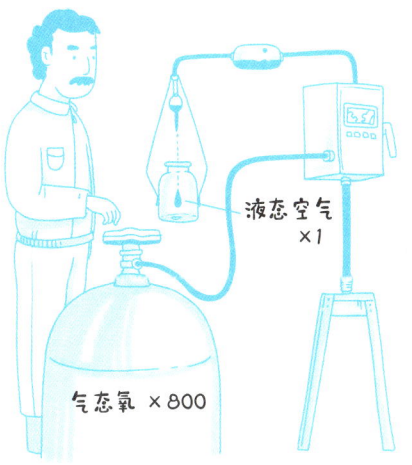

液态空气
×1

气态氧 ×800

1926 年 3 月 16 日，世界上第一枚液体燃料火箭在美国马萨诸塞州成功发射。这枚火箭高 3 米，内部填充了液态氧和汽油。尽管它仅飞行了 2.5 秒，但这标志着液态氧开始作为助燃物被使用，并开启了其在历史上的新篇章。

遗憾的是，此时正值二战前夕，因此纯氧和液态氧首先被用于武器制造。1933 年，即日本神武纪年 2593 年，日本军队疯狂地研发了"九三式"鱼雷，采用纯氧作为助燃物推动发动机，射程高达40 千米。相比之下，使用空气作为助燃物的英美鱼雷射程仅 10 千米，几乎被日军鱼雷性能碾压。

同样地，1944 年，德国纳粹用来轰炸伦敦的 V2 火箭也采用了液态氧作为助燃物，把汽油、酒精作为燃料。即使在纳粹败局已定的情况下，该火箭仍夺走了 2000 多条生命。

好在这一技术并未让德日法西斯取得胜利，历史依然沿着正义的方向滚滚前进。如今，大量生产的液态氧和其他液体燃料已广泛应用于各种火箭发动机中，助力人类飞出大气层，迈向星际。

隔热涂层技术的发展

不知你是否留意过，无论是飞船的返回舱还是火箭残骸，在被找到并打捞上来时，其表面总是呈现出黑乎乎的状态，宛如涂上了一层锅底灰。

事实上，那就是锅底灰，是飞船在高速飞行过程中与大气分子产生的剧烈摩擦所导致的燃烧现象。

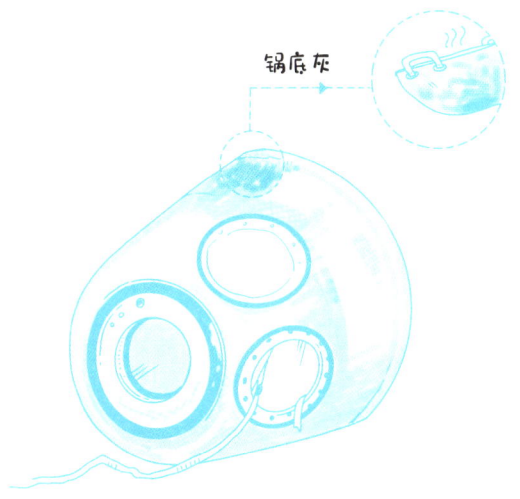

锅底灰

返回舱在进入大气层时的速度可达每秒 12 千米，即使在离地面 10 千米处打开降落伞时，其速度仍能达到每秒 180 米。在接近地面时，速度才会逐渐降低至每秒 1 米。这种高速飞行在太空中并无问题，但在大气层内，与空气分子的剧烈摩擦会产生大量热量，使舱体表面温度高达 1800 摄氏度，发生燃烧，形成类似锅底灰的黑色层。

此外，流星划过天空的现象，也是由天外飞来的陨石在大气层内与空气分子摩擦产生火焰所导致。说到这里，我们不禁要问：火箭残骸里没有乘客，烧没了也就烧没了，但返回舱中可是有我们的航天员，如果发生火灾，该怎么办呢？

因此，开展载人航天任务首先要解决飞船材料的耐热问题。不仅仅是航天领域，飞机在大气层内高速飞行时也会发热，因此耐热性能也是材料研发中必不可少的要求。

　　为了抵抗高温，航天器需要具备高效的隔热性能。最初的解决办法似乎较为简单：为航天器穿上一层耐热的"衣服"，将热量隔绝在外。这一技术最早是从航空领域借鉴过来的，其中涉及在镍、钴等合金上通过热扩散等方式渗入铝，然后涂布在航空器关键受热部位的表面。当受到高温时，这些区域会形成一层致密的三氧化二铝保护层，从而有效地阻挡热量的侵入。这种处理方法被称为铝扩散涂层，最早是由日本渗铝处理工业公司在 1944 年引入并应用的，随后被欧美国家所采纳。

　　此外，科学家们还从陨石中获得了启发。他们注意到，陨石在穿越大气层时表面会被烧蚀得厉害，但内部结构却往往得以保留。例如，新疆阜康陨石就是一个著名的案例。这块重达一吨的陨石于 2000 年坠落在新疆，其外表被烧得焦黑，类似锅底灰，却被美国的陨石专家以低价收购并运往国外。经过切割后，阜康陨石内部展示出了独特的蜂窝状结构，由半透明的金黄色橄榄石和闪亮的镍铁交替构成，在阳光下呈现出璀璨夺目的景象。

为了实现表面燃烧而不影响内部的效果，火箭的表面涂层需要具备高吸热性和低导热性。这样它可以吸收大部分由摩擦产生的热量，同时防止热量传递给内部结构。基于这一思路，人类研发出了烧蚀涂层。

烧蚀涂层采用诸如酚醛、聚氨酯、有机硅树脂和醇酸树脂等易于升华的有机材料，它们可以吸收大量热量。此外，石英玻璃纤维、碳化纤维和陶瓷纤维等纤维材料具有良好的质地和韧性。将这些树脂和纤维材料混合后，便制成了相对理想的烧蚀涂层。将其涂在航天器的最外层，可在高速摩擦过程中烧毁自身，从而保护航天器和航天员的安全。

这种烧蚀涂层早已成为人类航天器表层的标准配置。通常，航天器会涂有多层烧蚀涂层，在返程过程中逐层烧毁，确保航天器和航天员能够平安返回。

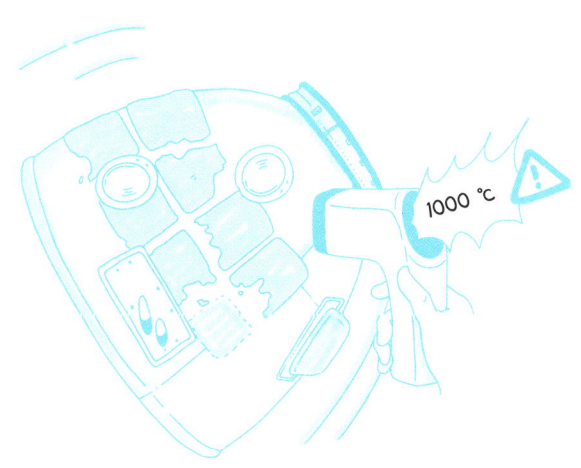

无线电通信技术的发展

在老电影中，我们经常能看到一个现代年轻人已不再熟悉的通信工具：电台。这是一个比书包还大的方匣子，上面架着一根天线，接通电池后，匣子里会发出吱吱哇哇的声音。使用者小心翼翼地调整几个笨重的旋钮，调出清晰的声音，就能听到另一边的呼叫：

"幺洞拐！幺洞拐！左前方35度，标尺调高2，轰！"

接着一炮下去，敌人的指挥部就消失了。

电台使用的无线电技术最早可追溯到1895年。那一年，21岁的意大利发明家伽利尔摩·马可尼在他的花园里经过多次尝试，将莫尔斯电键、电池组、感应线圈、金属粉末检波器（一种探测无线电波的仪器）、一个大继电器和他自己发明的天线地线装置组合起来，创建了人类历史上第一个无线电报系统。通过这套设备，他在没有接电线的情况下，远程"按"响了2.7千米外的电铃。

取得首次成功后，马可尼不断扩大实验规模，无线电波传送距离也越来越远。最终，他开始尝试跨越大西洋的通信。1901年，马可尼在英国普尔杜市安装了10千瓦的大功率发射台和巨大的天线，组成一个发射器；然后，他马不停蹄地坐船航行3000多千米，前往加拿大沿海的纽芬兰省安装接收端。12月12日，他在纽芬兰的一座峭壁上用一个大气球拉起长长的接收天线，等待着英国的越洋信号传来。

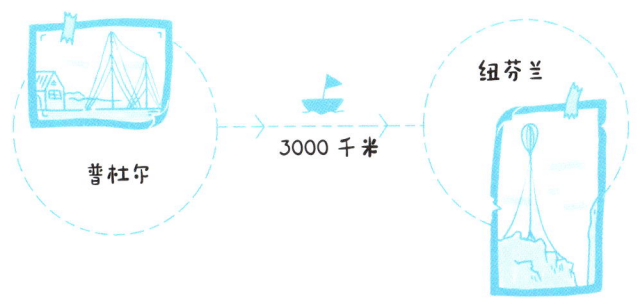

然而，当天狂风大作，气球被吹跑。马可尼急中生智，放飞了一个风筝，拉起一个 400 英尺（约 122 米）长的天线继续等待信号。过了一会儿，3 声微弱的"滴答"声传来，组成了断断续续的 3 个点，这就是字母"S"的莫尔斯码信号，它成功地跨越了大西洋！

马可尼实验的成功震惊了全世界，无线电通信从此成为人类生活的一部分。如今，无线电设备已经更新了许多代，人们可以随时使用手机联系，电视可以无线接收信号，电脑可以随时随地连接 Wi-Fi 上网，甚至空间站可以与地面进行天地通话。尽管设备千差万别，但它们都采用了无线电通信技术。

无线电通信技术的发展为航天产业奠定了基础。火箭或飞船在飞行过程中，地面需要实时获取各项参数以确保安全，同时也需要实时进行遥控干预，这些都离不开高质量的无线电通信技术的保障。

不过，太空无线电通信与越洋通信却有着根本上的不同。马可尼的越洋通信成功，主要得益于大气中有一面"大镜子"，这面"大镜子"叫电离层。在离地面约 60 千米的高度，空气受到宇宙射线和太阳辐射的影响，部分电离形成了带正负电荷的离子。无线电波沿直线传播到这里时会被反射回地面，然后在二者之间进行多次反射，从而改变传播路径，最终抵达遥远的大西洋对岸。

对于太空通信而言，电波则不再走这条路径。它们直接穿过电离层，进入太空。虽然这样会造成一定程度的信号损耗，但通过加大功率、改进设备和选用特定波长等方式，仍然可以保证通信质量。

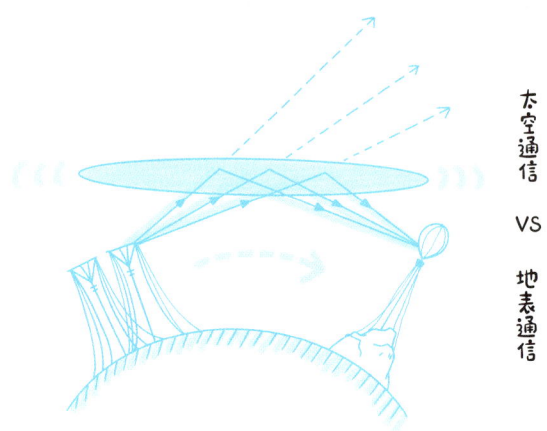

具备优质的燃料，可以推动发动机将火箭送入太空；拥有良好的隔热涂层，能够确保航天器安全返回地球；采用可靠的通信技术，可以实现远程控制火箭和飞船。随着这些技术的逐步成熟，人类已经为航天事业奠定了坚实的物质基础。到了 20 世纪 40 年代，人类已经站在飞天的门槛上，只差最后的关键一步。

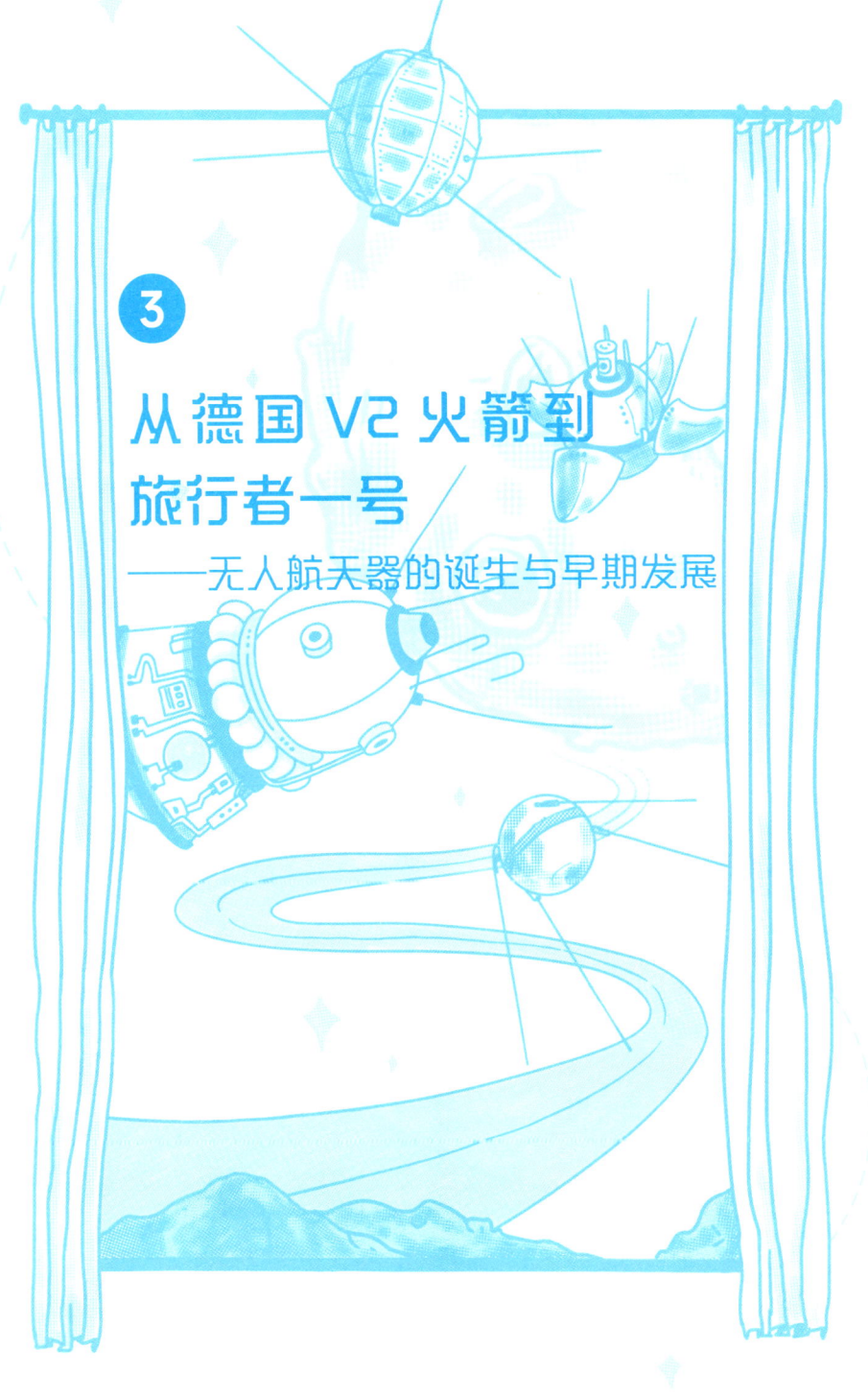

3

从德国 V2 火箭到旅行者一号

——无人航天器的诞生与早期发展

1944 年 6 月 13 日，英国肯特郡。

在经历了 4 年多的战争之后，英国人终于看到了胜利的希望。当年从海峡彼岸撤离的士兵们，如今已经重返欧洲大陆，将德国纳粹逼入两线作战的困境。敌人的崩溃只是时间问题，胜利女神似乎在向他们招手。

然而，就在这个关键时刻，一种新型德国飞机出现了，它比平时的德国战机略显瘦小，飞行速度却更快。当天，伦敦东部发生了大爆炸，6 人不幸丧生，弹坑内还发现了这种飞机的残骸。接下来的一周里，轰炸持续不断，据说街上的公交车没有一块玻璃保持完好。

杀伤力：☠☠☠☠×2000

这种具有巨大破坏力的武器，正是人类历史上的第一枚导弹：德国 V1 导弹。后来，德国纳粹又向英国发射了 2000 多枚型号更先进的

V2 导弹，造成 2000 多人死亡。尽管如此，德国纳粹依然无法挽救败局。

讽刺的是，V2 导弹不仅是人类历史上第一型弹道导弹，还是历史上第一种飞出大气层的人造飞行器。就这样，现代人类航天事业在战争中以杀戮的形式迈出了自己的第一步。

在武器的基础上，研制出了航天的火箭

负责研发 V1 和 V2 导弹的是以科学家冯·布劳恩为首的德国纳粹科学家团队。得益于这些卓越的科研团队，1945 年，尽管德国纳粹的败局已定，但其技术仍处于全球领先地位。即使在"二战"尾声，无论是美国还是苏联都无法制造出火箭，只能望洋兴叹。

为了获取这项技术，美军迅速采取了行动。在 1945 年春季，正当四处投降的德国陷入混乱之际，美军制定了"回形针行动"。他们派遣多支小分队从多个方向搜寻，目标是将纳粹德国的科学家一网打尽。到了 5 月，一支美军小分队在巴伐利亚州的一幢别墅中

发现了冯·布劳恩以及重达14吨的火箭资料。

可惜的是，这支美军的文化水平有限，即使经过反复审问，他们面对那14吨的火箭资料依然不知所措，只是凭直觉感受到面前这位科学家很厉害。

为此，美军紧急从国内调派了一对科学家师徒前往德国，以便深入了解这位科学家的真正实力。这位老师名叫冯·卡门，航空与航天之间的界限——卡门线就是以他的名字命名的。而他的徒弟则是大名鼎鼎的钱学森。冯·布劳恩被带到了大洋彼岸，从德国火箭科学家变成了美国火箭科学家。这批转到美国的德国科学家，包括自愿的和被迫的在内，总人数达到了1500名。

事实上，即使不情愿也没办法。这些科学家中的大部分都与德国军方有所牵连，如果不去美国，很可能就会被扣上纳粹的帽子。在这种情况下，保命最重要，他们最后的结局整体还不错。

×293 个

当美军忙于转移德国科学家时，苏联也没有闲着，他们正忙着从德国占领区拆卸机器，并将其运回国内重新组装成立新的工厂。

根据当时的报道，早在战争进行期间，苏联就开始从占领的德国境内拆卸机器。德国投降后，仅在 1946—1947 年，苏联和波兰就从英美法占领的德国境内搬走了 293 个工厂，大量工厂被连根拔起，改换了门庭与国籍。

不能说美苏两国只会搬迁，20 世纪 30 年代，火箭热潮席卷全球，德国、苏联、美国等大国都在不惜一切代价投入人力物力。1926 年，美国成功放飞了世界上第一枚液体燃料火箭，不过它的飞行高度只有 2.5 米。1932 年，苏联也建立了火箭与液体弹道导弹研究所，并成功试制出验证款火箭。他们只是稍微落后于德国，实际上也有一定的技术底蕴。

就这样，美苏两国依靠自身的底蕴和从德国引进的技术，开始暗中较量。尽管两边的研发团队走的是不同的道路，但他们遇到了一个共同的问题——火箭升空后的推力不足。因为当时的发动机还不够强大，这个问题令两国科学家头疼不已。以创新著称的苏联科学家科罗廖夫灵机一动，在火箭周围捆绑了一圈较短的发动机，从而显著提高了推力。在验证成功后，他立即开始投入生产，这枚名为 R–7 的火箭于 1957 年 8 月首飞成功。同样在 8 月，冯·布劳恩团队也发射了一枚火箭，达到了 960 千米的高度。然而，当时的美国总统艾森豪威尔略显保守，没有允许他们在火箭上安装卫星，而是让他们再试试看。

当冯·布劳恩团队按照总统的要求再次尝试时，1957 年 10 月 4 日，一枚火箭带着人类第一颗人造卫星"斯普特尼克 1 号"升空，苏联成功开启了无人航天新时代。

在美国，竞争对手这个先发制人的举动无异于一场地震，《纽约时报》破天荒地连续一周在头版报道这一事件。其中的一些话，相信美国科学家听起来会感到痛心疾首。

在公共讨论中，苏联科学家们在提及这颗人造卫星时总是流露出谦逊和审慎的态度……对于美国科学家所面临的各种挑战，他们表达了同情。当被邀请分享他们在设计卫星过程中所遭遇的难题时，他们拒绝了。

感到失落的美国人甚至制作了一部名为《十月的天空》的电影，以回顾那段在美国人眼中被苏联赶超的辛酸历史。更加重了美国人的挫败感的是，在同年的 12 月 6 日，美国尝试用"先锋号"火箭发射一颗自己的卫星，但火箭几乎刚一起飞就发生了爆炸。

这次失败让美国在太空竞赛中颜面无光。因此，曾一度被冷落的冯·布劳恩团队重新得到了重视。在他们的努力下，"斯普特尼克"发射仅仅四个月后，即 1958 年 1 月 31 日，美国研发的"木星－C"火箭成功地将第一颗人造卫星"探险者 1 号"送入了太空。这使得美国民众终于能够在夜空中观测属于他们国家的卫星。

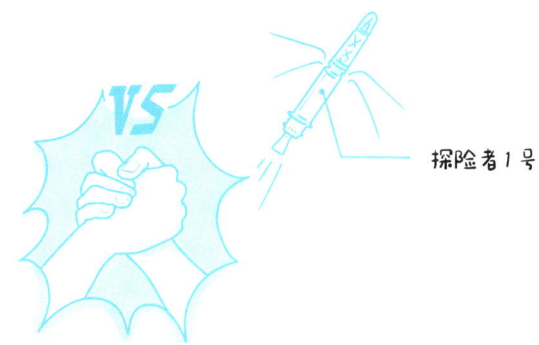

探险者 1 号

这也意味着，美苏两国的航天事业从暗自较劲走向公开叫板，人类当代航天史在战争中开端，这时又走向了军备竞赛的道路。

月球探测器：从撞到月球上到软着陆，人类用了 7 年

第一颗人造卫星的功能相当有限，它只是不断地发送着简单的"哔哔"信号，而且仅在 21 天内活跃，电池耗尽后便不再工作，几个月后便坠入大气层被烧毁。这样的探索自然满足不了满腔竞赛意识的美苏，它们把目光早已投向了更遥远的月球。

将卫星送入地球轨道相对简单，只需发射卫星并使其达到约 7.9 千米每秒的第一宇宙速度即可。然而，月球距离地球约 38 万千米，而且其位置在不断变化，这就要求发射探测器时必须精确瞄准月球并计算复杂的轨道。在 20 世纪 50 年代，计算机性能还很落后，这样的计算任务极具挑战性。

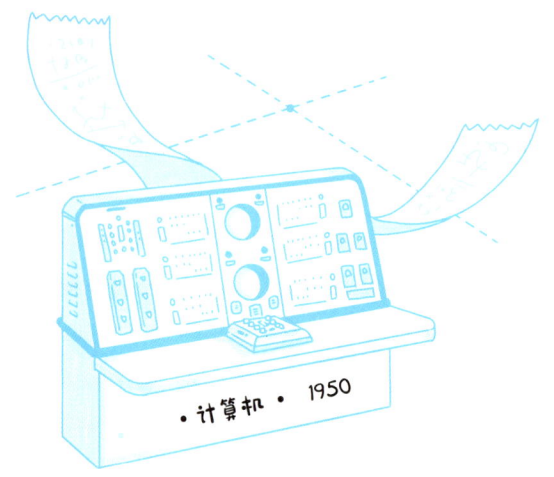

受到刺激的美国立即启动了"先驱者"探月计划。然而，他们在 1958 年 8 月 17 日仓促发射，火箭在升空 77 秒后发生爆炸，携带相机的探测器变成了焦炭。

这颗未能入轨的探测器后来被命名为"先驱者 0 号"，作为对那次尝试的纪念。美国随后又发射了几个月球探测器，但都因为各种原因未能成功进入月球轨道。

苏联再次领先，于 1959 年 9 月 12 日发射了"月球 2 号"探测器。经过两天的飞行，它终于抵达月球，但由于技术限制，以 3.3 千米每秒的速度撞击了月球表面，虽然科学仪器受损，但它仍是人类历史上第一个到达月球表面的探测器。

不久后的 10 月 7 日，苏联"月球 3 号"探测器成功进入月球轨道，并向地球传回了 29 张月球背面的照片，揭示了月球未曾曝光的一面。到了 1966 年 2 月 4 日，苏联"月球 9 号"探测器成功降落在月球上，利用制动火箭发动机降低了降落速度，以约 6 米每秒的速度平稳着陆。尽管这个速度相当于从 2 米高度自由下落，但着陆器内的科学仪器得以完好保存。着陆 15 分钟后，"月球 9号"拍摄了第一张月球表面的照片，8 个多小时后，这张历史性照片被传送回地球。

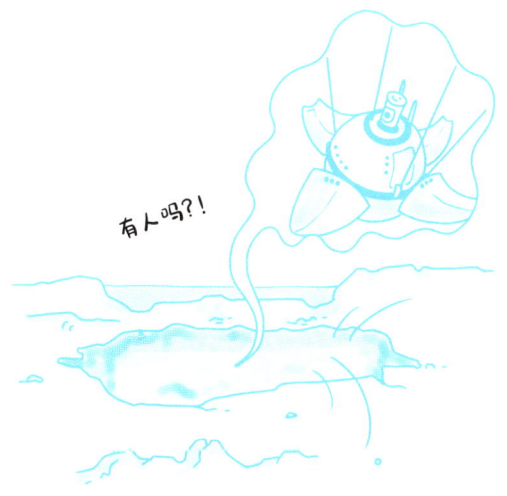

有人吗?!

　　自 1959 年至 1966 年，苏联的月球探测器从最初的抵达月球到最终实现软着陆，共经历了 9 次发展，取得了重大突破。相比之下，美国在此期间尚未有探测器成功登陆月球，这让美国在无人航天领域面临了严峻的挑战。然而，这一系列挫败激发了美国的决心，经过不懈努力，终于在 1969 年成功执行了"阿波罗计划"，将 3 名航天员安全送上月球，这一成就至今未被其他国家所超越。

　　在美苏的激烈竞争中，人类不仅将火箭发射出大气层，而且

还将其推向了距离地球
约 38 万千米远的月球。
这场竞争深刻影响了时
代的发展，美国西木游
戏公司在 2001 年发布
的游戏《红色警戒 2：
尤里的复仇》中，苏联
军队甚至被设定为在月

球上建立了军事基地。在游戏中，月球表面的景象还包括美国遗留
的登月舱和飘扬的美国国旗，这些都是对那段历史的致敬。

无人航天技术的封锁与反封锁

在冷战的阴影下，美苏两国展开了一场无声的较量，航天技术
成为了他们手中的一张重要王牌。火箭技术毫无意外地成为了双方
竞争的焦点，既然火箭能把卫星送入太空，那自然也能够装上炸药
摧毁敌国城市。因此，航天技术不仅是一种探索未知的工具，更是
一种国家安全和威慑力量的象征。

在这个背景下，无论是出于自保还是威慑，许多国家都渴望掌
握这一先进技术。美苏两国对尖端航天技术严格保密，不仅互相提
防，对自己的盟友也绝口不提，绝不允许自身霸权受到挑战。

英国，作为美国的亲密盟友和世界强国之一，在西方阵营中有

着举足轻重的地位。然而，即使如此，英国的航天之路也走得异常艰难。直到 2022 年 10 月，英国才计划在本土发射火箭，准备在 2023 年 1 月 9 日实施发射。不幸的是，发射任务以失败告终，"发射器一号"空射运载火箭与载机成功分离点火，但卫星最终没有进入轨道。

此前，英国媒体曾宣称英国将成为第 11 个能够在本土发射火箭的国家，但最终这一目标未能实现。

早在 70 年前，中国就已经在航天领域的前沿占有一席之地，并且一直保持着重要的地位。中国的航天之路起始于 20 世纪 50 年代，与美苏的火箭研究同步发展。中国领导人独具慧眼，意识到了这一领域的重要性，并迅速采取行动。

据科学家钱学森的回忆文章，1956 年春节，他与叶剑英元帅和陈赓大将共进午餐，餐后又与这些对火箭技术有兴趣的官员一起前往军委办公厅拜访周恩来总理。这场会谈后，钱学森

撰写了一份关于建立中国国防航空工业的意见书。2 月 17 日，这份名为《建立我国国防航空工业意见书》的文件编写完成，它后来成为了指导中国航空航天工业发展的纲领性文献。

如今这份文件已经公开解密，人们可以看到钱学森对于创建专业设计机构的详细规划。他不仅为未来的航空设计单位设定了各个部门，包括材料学、结构学、空气动力学和火箭推进研究，而且考虑得非常周全。然而，一个有趣的问题是，为什么这份具有里程碑意义的文件以航空命名，而没有提及航天呢？

据猜测，这种策略性的命名可能有两层原因。一方面，导弹和火箭技术的确具有军事敏感性，因此在文件命名时可能有意保持低调，以免引起不必要的关注。这一点与后来被称为"第二炮兵"的导弹部队相似，后者也是以一种间接的方式体现了其军事导弹的属性，直到 2015 年才改名为火箭军。另一方面，钱学森的意见书中确实包含了大量关于航空业发展的建议，而且火箭推进技术本身也可应用于航空领域，因此称之为航空意见书也是合理的。

随着这份蓝图的制定，中国人实现航天梦想的道路也随之展开。不久之后，国防部第五研究院成立，专门从事火箭和导弹的研究。1957 年，苏联成功发射了世界上第一颗人造地球卫星，这一事件进一步坚定了中国加速探索航天领域的决心。在次年的党的八届六中全会上，毛泽东主席表达了中国也要发射人造卫星的雄心壮志，他宣称："苏联和美国把人造卫星抛上了天，我们也要搞人造卫星，要搞就搞个大的。"

经过多年的努力，1970 年，名为"东方红一号"的卫星搭乘"长征一号"火箭成功发射升空。这不仅宣告了中国具备自主研制和发射地球人造卫星的能力，而且使中国成为世界上第 5 个能够独立完成这一壮举的国家。值得一提的是，"东方红一号"卫星的重量达到了 173 千克，比之前苏联、美国、法国和日本发射的 4 颗卫星加起来的重量都要重。

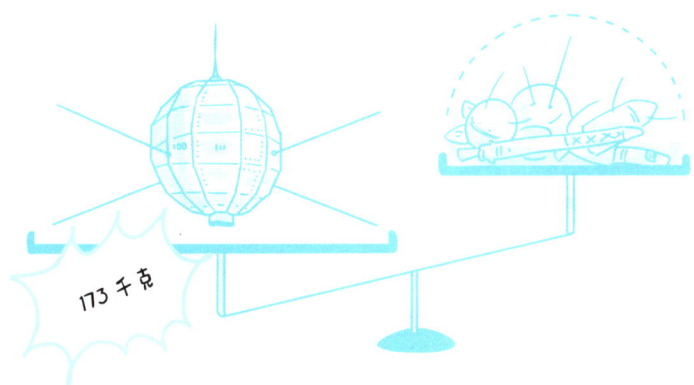

173 千克

50 多年过去了，"东方红一号"早已不再有任何功能，但它的传奇仍在轨道上续写。当年那首悠扬的乐曲虽已不再响起，但中国的航天器早已遍地开花，翱翔天际。

2003 年，中国将航天员杨利伟送入太空，标志着中国正式成为全球仅有的 3 个拥有载人航天能力的国家之一。到了 2021 年，在汲取了"天宫一号"和"天宫二号"宝贵经验的基础上，中国成功发射了"天和号"核心舱。紧接着在 2022 年，又相继发射了"问天"和"梦天"实验舱，从而基本完成了中国人自己的空间站建设。

从"东方红一号"的成功发射到如今空间站的建成，中国航天的每一步跨越都是几代航天人不懈努力和辛勤汗水的结晶。

4

你一定记得加加林

——载人航天时代的来临

登上纪念币的航天小狗

在 2018 年，俄罗斯发行了一枚引人注目的 1 盎司纪念银币。不同于常见的肖像设计，这枚银币上的主角是一只身穿半身衣服的狗，背景是深邃的夜空，两侧则分别是探出一半身子的月亮和火箭。

这只小狗名叫"莱卡"。它是人类历史上首个环绕地球飞行的生物，也是为人类航天事业做出重大贡献的英雄，所以才能登上这枚特殊的纪念币。

莱卡的知名度超越了许多流量明星，苏联、罗马尼亚、阿尔巴尼亚、波兰和朝鲜等多个国家都为它发行过纪念邮票，在莫斯科，莱卡甚至拥有自己的纪念馆和纪念碑。在 2011 年，有一支乐队专门为了纪念莱卡而创作了关于思乡之情的歌曲。近年来，人们仍然通过纪录片等形式继续讲述莱卡的故事，这只小小的流浪狗可以说是享尽殊荣。

莱卡的命运既有狗子自身的奋斗，也离不开历史的推动。在被选为航天英雄之前，莱卡是在莫斯科街头流浪的众多狗狗之一，过着吃了上顿没下顿的生活，靠着向陌生人卖萌才能求得一日三餐。

然而在 1957 年，苏联航天局为了纪念十月革命 40 周年，决定将一只地球生物送往天空，以创造历史的方式向革命献礼。于是，莱卡的命运发生了翻天覆地的变化，从一只无人问津的流浪狗变成了全人类的骄傲。

在排除了大猩猩、猴子、小鼠、大鼠和海龟等动物之后，苏联的航天科学家们将注意力转向了狗。他们对于即将参与太空探索的狗设定了具体的要求，这些要求包括：

小型犬，体重在 6~7 千克之间，这样才能放进航天舱里；

雌犬，不用抬腿也能够撒尿，更省空间；

流浪犬，因为对食物要求比家养犬低、忍耐力更强；

最好是白色，因为当时只有黑白电视机，白狗出镜效果更好。

于是在 1957 年 11 月初，一只两岁的流浪犬因其优良的特质从莫斯科街头被选中，并在其他候选小狗中脱颖而出，获得了通往太空的船票。原本被称为"小卷毛"的这只狗，被重新命名为"莱卡"，并开始接受航天局的培训。"莱卡"这个名字在俄语中意为狗叫声，类似于英文中的"bark"或中文中关于狗的声音"汪汪"，据说这个名字的由来是因为莱卡在接受广播采访时吠了几声，航天员们便赋予了它这个声音感超强的名字。

经过严格的选拔，这只即将见证历史的狗接受了几乎与航天员同等严苛的训练，如穿戴航天服、在狭小的笼子里待命、食用类似牙膏管内的胶状食物以及长时间维持固定姿势等。然而，"太空第一犬"的荣誉可不是光接受训练就能获得的，莱卡为此做出了巨大的牺牲，甚至付出了生命的代价。

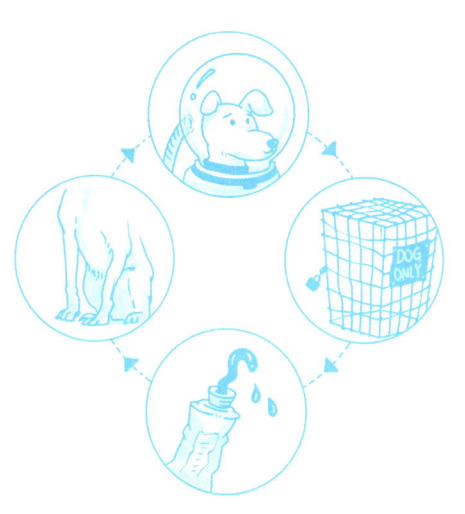

在那个时代，可靠的返回舱技术尚未问世，而且苏联官方对于莱卡的任务定位是一次实验性质的飞行，根本没有制订将其安全带回地球的方案。火箭上所携带的供给——食物和氧气是有限的，因此从一开始就注定了莱卡在消耗完这些资源后将无法生存。为了避免让莱卡承受过多的苦难，苏联航天局计划让其在太空中度过约20天的时间，然后在吃下最后一餐含有剧毒的食物后，在不知不觉中离开这个世界。

苏联官方对这次任务进行了严格的保密，莱卡被选中到发射仅有短短一周的时间，基本上保住了消息不外泄，只有直接参与任务的工作人员了解实情。其中一位名叫弗拉迪米尔·雅茨多维奇的航天医学专家对莱卡产生了深厚的感情，却也爱莫能助，只能在任务前夕将它带回家，让它与自己的孩子们共度了一个温馨的夜晚。

1957年11月3日，莱卡如期搭乘苏联的第二颗人造卫星"斯普特尼克2号"升空，苏联官方向全世界公布了这个消息。

此举立即引发了国际社会的广泛关注，特别是在英国伦敦引起了极大的反响。当英国广播公司（BBC）还在转播苏联官方的消息时，苏联驻英国大使馆已接到了超过50通电话，人们纷纷对莱卡的命运表达关切。《每日镜报》以大字标题报道了这一事件："这只狗将死去，我们却无法拯救它。"英国的"反残忍运动联盟"更是组织了一场大型的行为艺术，呼吁公众每天中午11点整沉默片刻，为莱卡送上祈祷。一位名为丹尼斯·罗宾斯的小说家受此启发创作了一首诗，这首诗很快在英格兰各地区广泛传播开来。大意如下：

小小的狗消失在天边

蜷缩身体躲进花篮

随着卫星不断走远

你是否孤寂？你是否战栗？

你是否看到或听到

这世间的消息？

人们在围观

科学家们在等待

看你的死讯何时传来

消失的小狗啊

你的结局究竟是蜷缩成一团

还是放开伸展、随风飘散？

我多希望你不用成为世人焦点

而是顺利归来

普普通通

平平安安

只可惜，远在天上的莱卡再也听不到了。

关于莱卡的最终命运，一直以来存在着两个不同的叙述版本。根据苏联官方的说法，莱卡在太空中健康地生活了 7 天，最后按照计划吃下了一顿含有安乐死药物的晚餐，平静地离开了这个世界。苏联及其解体后的俄罗斯等国都是据此发行了纪念莱卡的硬币，建立了纪念碑和纪念馆，传颂着这个英勇的航天狗的故事。

然而，在 2002 年，项目参与者之一的医学专家迪米特里·玛拉什科夫在美国休斯顿的国际宇航大会上透露了另一种结局。他表示"斯普特尼克 2 号"发射后不久，舱内的温度即迅速升高至 40 摄氏度，冷却系统却发生了故障，导致莱卡在高温和恐慌中丧生，而为它准备的安乐死药物并未使用。

苏联已经解体多年，这一揭露在欧美引发了巨大的反响。莱卡这个名字，连同它的纪念币、纪念碑和雕像，以及围绕其真实命运的争论，成为了永不消逝的记忆。

莱卡的贡献是不可磨灭的。尽管它未能返回地球，但它在太空中的旅行证明了生物在适宜的条件下可以在太空中存活。莱卡的牺牲激发了人类进一步探索太空的决心，并推动了载人航天技术的发展。今天的航天员在太空中生活和工作，这一切都得益于 1957 年的那次历史性发射。

实际上，莱卡并不是第一只进入太空的狗，也不是第一只为此牺牲的动物。早在 1951 年，苏联就已经将两只狗送入了亚轨道，这两只狗也未能返回；而在随后的试验中也有其他动物为此献出了生命。然而在历史的长河中，这些动物先驱者们大多已被遗忘，唯有莱卡的名字被永久铭记。

　　航天事业从来都不是没有风险的，无论是知名的还是无名的先驱者们，他们都为人类的进步付出了巨大的代价，值得我们永远怀念。

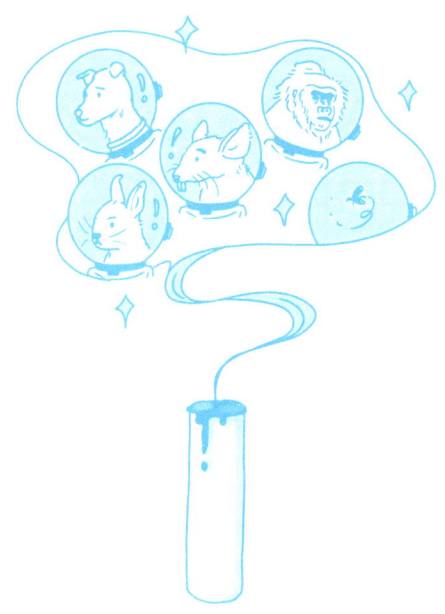

加加林以为自己要牺牲了

　　在莱卡离世 3 年半之后，它作为航天英雄犬的牺牲终于迎来了回报。1961 年 4 月 12 日，苏联塔斯社突然向全世界宣布了一个重大消息：通过"东方 1 号"飞船，苏联已成功将人类的第一位航天员送入太空，并顺利将他接回地球，实现了人类历史上的首次载人航天飞行。

这个航天员的名字，尤里·加加林，已经永远镌刻在了历史的丰碑上。然而许多人可能并不知晓，加加林的这次飞天背后隐藏着诸多不为人知的巧合和细节。

首先，加加林能踏上飞天之旅原本就是一个意外。为了确保飞行任务不会因任何突发事件而延误，苏联准备了一组由 11 名航天员组成的团队，随时准备替换。在这份名单中，加加林原本排在第 3 位，他的机会并不是很大。

谁都没想到，苏联航天局的备份策略竟然派上了用场。就在飞天前夕，排在首位的航天员瓦伦丁·邦达连科在低压模拟舱中成功完成了一项耐力测试，距离他的太空之旅仅剩一步之遥。但在测试结束后，邦达连科按照规程取下可穿戴式传感器，并用酒精棉球清洁身体，随后不慎将棉球遗留在模拟舱内。

这个小小的疏忽造成了灾难性的后果。棉球落在一个电热板上点燃了火花，在充满高浓度氧气的模拟舱内迅速引发了猛烈的大火。半小时后，工作人员设法从外部打开了舱门，发现邦达连科已被严重烧伤，全身无一处完好肌肤。尽管经过 16 小时的全力抢救，邦达连科还是不幸丧生。

正是由于这场悲剧，候选名单才得以启用，排名第三的加加林排名第二了。事实上，飞船总设计师科罗廖夫注意到了加加林在进入模拟舱之前脱鞋的行为，认为这个年轻人表现出的细心和谨慎表明他具有成为一名优秀航天员的潜力，因此决定让他破格以第二名的身份飞天。机遇以一种出人意料的方式降临到加加林身上，使他成为了那个永垂史册的人物。

其次，加加林在这次任务中的角色其实更接近于乘客，这与小狗莱卡等动物的角色本质相同。尽管苏联已经能够研制出太空飞船，为飞船配备控制系统也并非难事，但在审查飞行数据后，他们突然意识到，以往的太空实验只涉及动物，人类航天员在太空中对控制系统的实际操作尚未经验证。人类航天员会精神失常吗？他会开着飞船乱飞乱撞吗？甚至，他会开着飞船撞向地面吗？面对未知的风险，他们决定采取措施。

因此，在整个飞行过程中，加加林作为驾驶员的功能被严格限制。为了保障安全，他确实有能力操控飞船，但飞船的控制系统被设定为密码保护。密码被置于一个信封内，由加加林带入太空。如果加加林在太空中出现精神失常或其他无法操作的情况，那他自然无法打开信封，也就没法通过密码操纵飞船，从而确保地面控制中心能够牢牢控制飞船。这样，加加林只能等待地面指令来操纵飞船返回。

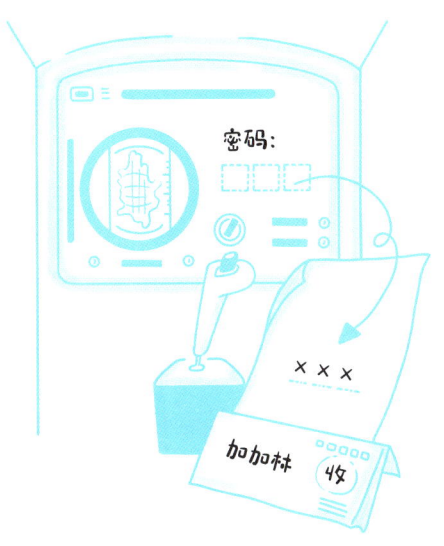

即使做了这些准备，加加林的回程还是出现了些许意外。在穿越大气层时，飞船外部发生了燃烧现象，这让加加林误以为飞船出现了故障，他大喊："我着火了！再见了，同志们！"不过这句话在当时并未公开，直到2020年《俄罗斯报》才首次披露。2003年，中国首位航天员杨利伟在返回地球时，也遭遇了类似的情况。他看到舱外的舷窗出现裂纹，心中一阵紧张，但他并没有立即表达出来，而是直到后来在公开活动中才提及这一惊险瞬间。

在降落过程中，加加林遇到了更大的意外。"东方1号"原本计划降落在距离莫斯科南部400千米的地方，但实际上的降落点比预计的又偏南了400千米。当加加林平安的消息传到克里姆林宫时，当时的苏联领导人赫鲁晓夫已经焦急地等待了半小时，当时的航天技术就是这么不靠谱。

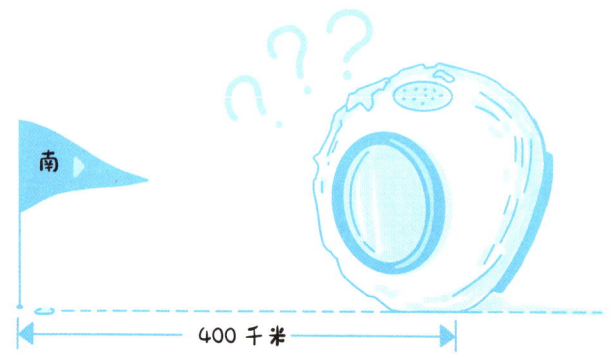

南

400 千米

　　苏联人自己也知道当时载人航天技术的不可靠。因此，在加加林飞向太空的时候，塔斯社并未进行即时报道，而是一直憋到加加林安全返回并得到克里姆林宫确认后才发布消息。塔斯社为此准备了 3 份不同的新闻稿，最好的情况是加加林顺利完成太空之旅，另外两种情况则是飞船未能进入轨道或加加林在太空中牺牲。幸运的是，这两份与不幸相关的新闻稿未被使用，至今还保存在档案中。

　　值得一提的是，尽管加加林成为英雄并象征着苏联的航天事业有了突破式的进展，他却再也没有机会重返太空。这是因为苏联当局担心这位英雄遭遇任何意外。此后，加加林留在地球上，享受着优厚的待遇和生活，即便他多次提出申请，也未能再次获得飞向太空的机会。1968 年，他在一次飞行事故中丧生，回到了他所热爱的天空之中。

　　这是一场悲剧，但对于一个以天空为家的人来说，这样的结局也许带着一种宏伟的悲壮。

美国谢泼德：好像飞天了，又好像没有

加加林的太空飞行给美国带来了极大的挑战。1961 年初，美苏两国在航天领域展开激烈竞争，苏联连续取得了一系列成就，发射首个人造卫星和将动物送入太空。随着加加林的成功飞天，苏联又成为了将人类送入太空的第一个国家。作为全球的超级大国，美国在航天领域的表现显然与其国际地位不符。

就在加加林飞天一个月后的 5 月 5 日，美国海军军官艾伦·谢泼德在佛罗里达州卡纳维拉尔角发射基地，准备搭乘美国的载人宇宙飞船和运载火箭升空。面对这样的关键时刻，谢泼德的心中无疑充满了复杂情绪。他的处境相当尴尬：在荣誉上，由于加加林已经完成了太空之旅，谢泼德失去了成为人类历史上首位进入太空的人的机会；而且在技术上，美国计划让谢泼德搭乘的"自由 7 号"飞船仅飞行 186 千米，持续 15 分钟，这只是一个亚轨道飞行，与加加林的"东方 1 号"飞行 369 千米，历时 1 小时 48 分钟相比，美国的技术明显处于下风。

实际上，谢泼德本有可能领先于加加林。美国原本计划在 1961 年 3 月让谢泼德实现飞天，但由于不可预见的情况被推迟到了 5 月，美国从领导者变为落后于苏联，拖延症就这样成了美国在这场竞赛中的绊脚石。再加上谢泼德的返回舱规模比加加林的还小，这使得美国在此次航天竞赛中的劣势更加明显。

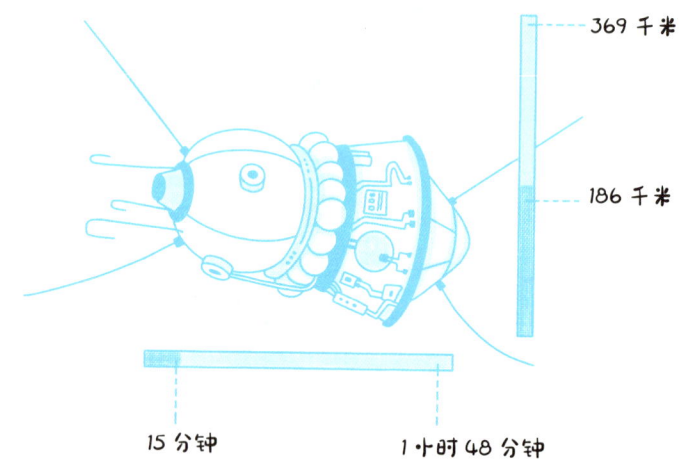

369 千米

186 千米

15 分钟　　　　1 小时 48 分钟

　　因此，谢泼德所面临的尴尬是多方面的。除了注定成为"第二位进入太空的人"这一命运外，他的飞行任务本身也存在争议，似乎飞上了太空，又似乎差一点儿。此外，在个人生理层面上，谢泼德坐在座位上等待发射时忽然感到尿急，但由于已经穿戴完毕，指挥部并不允许他脱下航天服。最终，谢泼德不得不关闭航天服内的电子设备，就地解决，如同一个幼儿园孩子一样等待尿液在气流中自然风干。

　　于是在 1961 年 5 月 5 日这一天，即苏联航天员加加林开启人类载人航天时代一个月之后，美国航天员艾伦·谢泼德穿着一条潮湿的裤子被送入了太空，标志着美苏之间的航天争霸战正式进入了载人航天的新阶段。尽管在许多方面美国都显得落后，但在这个方面，美国还是稍微领先了一点——与仅仅作为"乘客"的加加林不同，谢泼德能够亲自操控他的飞船。无论如何，在这场竞赛中美国队总算扳回了一局。

关于谢泼德所达到的高度是否真正属于太空，一直存在着争议。不过，他仍然被视为美国航天史上的第一位英雄，并因此获得了无数荣誉。据不完全统计，他获得的勋章包括：

美国国会太空荣誉奖章；

美国国家航空航天局（National Aeronautics and Space Administration，NASA）杰出服务奖章；

航空航天局优异成就奖章；

美国海军杰出服务奖章；

优异飞行十字勋章。

他获得的奖杯有：

朗利奖；

兰伯特奖杯；

卡伯特奖；

克里埃奖杯；

纽约市金奖牌。

在 2000 年 10 月，美国国会通过一项法案，决定将新罕布什尔州的一座邮局命名为"艾伦·谢泼德大厦"，以纪念这位航天先驱。到了 2012 年，美国蓝色起源公司为了纪念谢泼德，将其新系列飞行器命名为"新谢泼德号"。美国人还是心系太空的，从各个细节都表达着对航天先驱者的尊敬和怀念。

将人类装进飞船并用火箭送入太空，这看似简单的第一步，实则蕴含着巨大的挑战。自美苏两国开始载人航天争霸以来，它们在这领域的领先地位显得坚不可摧。长达 42 年间，无论是国际政治的风云变幻，还是科技的飞跃进步，都无法撼动两国在载人航天领域的垄断地位。在这 42 年间，其他国家的航天员要想进入太空，只能依赖这两个国家提供的机会，搭乘这两国的飞船进入。直到 2003 年，中国的"神舟五号"飞船成功将航天员杨利伟送入太空，这一长期由美苏（俄）垄断的局面才得以打破。

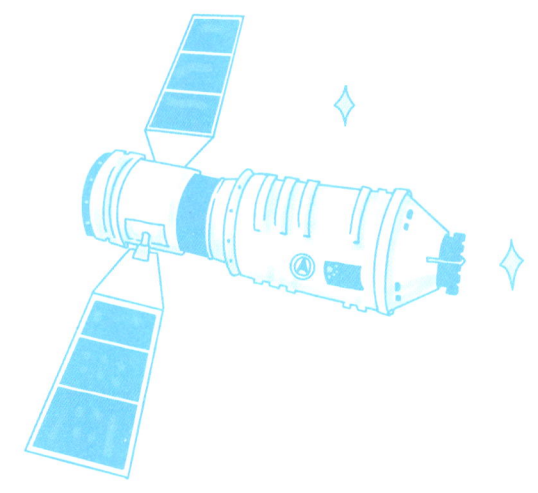

突破大气层只是人类探索宇宙的第一步,紧接着,人们面临的是如何延长在太空中的停留时间以及确定太空旅行的目标地点。在加加林和谢泼德的时代,航天员的航程都以分钟来计算,但随后,苏联和美国分别通过"东方2号"任务和水星计划的后续任务,展示了人类在太空停留超过24小时的能力。随着时间的推移,人类在太空的活动越来越频繁,航天员的数量和他们在太空中停留的时间也越来越长,至今已有超过500名航天员去过太空,甚至有人在天上待了一年以上。

自那以后,科技进步使人类对太空的热爱与日俱增,我们逐渐学会了如何更长久地在太空中生存和工作。航天员们从最初的几分钟在轨时间,到现在已经在国际空间站上连续居住数月之久。随着技术的发展,人类可能从太空的短暂过客转变为潜在的常住居民,我们对于太空的探索和理解正在不断发展,预示着未来可能会有更多的突破和变革。

5

航天飞机算是走弯路吗?

——载人航天时代的插曲

航天飞机的诞生，困难重重

在 20 世纪 60 年代初，随着加加林的成功飞天，美国和苏联开启了激烈的太空竞赛，纷纷使用火箭将航天员送入太空。虽然火箭提供了便利，但其高昂的成本是巨大的负担。那个时代的火箭往往是单次使用的，造价可能达到数千万甚至数亿美元，而每次发射后，这些由顶尖的工程师设计、顶级工厂制造的宝贵火箭就会成为废弃物，在大气层中坠落并燃烧殆尽。

即便在现代，航天技术已经相当发达，但每次运送火箭上天的成本仍然非常高昂。按照比例计算，每向太空运送 500 克物资可能需要花费数千美元的成本，每次发射依然要消耗千万甚至上亿美元。可以想象，在 60 年前，这样的成本只会更高。即使是财力雄厚的美国，也

难以承受如此庞大的开销。因此，如何降低太空探索的成本一直是航天领域亟待解决的重要问题。

1968 年，正当美国国家航空航天局着手实施雄心勃勃的"阿波罗登月计划"时，他们也开始构思未来的空间站项目，梦想着能让航天员在太空中长期居住。于是有些科学家开始思考，是否可以设计一种便捷的可重复使用飞船，以便航天员轻松地低成本地往来于地球与空间之间？

这一想法立即得到了响应。1969 年 1 月，美国国家航空航天局决定资助一系列针对多功能往返飞船的概念研究，这种被称为"整体式发射与再入器"，在日常对话中被亲切地称为"太空穿梭机"或"太空摆渡船"，后来被译为"航天飞机"。其主要职能就是搭载人员和货物，在地球和空间站之间穿梭往返。

在美国国家航空航天局的想象中，航天飞机是飞机摞飞机的样子：一个巨大的"推进器"飞机作为底座，实际上是一个带有机翼的燃料舱，用于运输；在其上方则是一个小型的"轨道飞行器"，这是承载人员和货物的真正核心，负责将它们送入太空。按照最初的蓝图，大飞机带着小飞机升至大约 80 千米的高度后，小飞机就像鸟儿一样从大飞机的背上腾空而起，继续独自穿越大气层，进入浩瀚无垠的宇宙。

然而，如同所有外包项目都要经历曲折一样，美国国家航空航天局作为甲方的需求不断在变化。在 20 世纪 60 年代末期的经济衰退期间，这位甲方发现原本的两段式飞机设计太过宏伟，这样的设计耗资巨大，后边建造空间站的资金都将捉襟见肘；没有空间站，航天飞机的存在意义何在？太空摆渡船，摆渡到哪里？

　　而且，航天领域总是与军事密切相关，美国国家航空航天局关于航天飞机的设计理念必须与美国军方协商，希望能获得一些资助。但是美国军方的要求相当苛刻，他们表示愿意投资，但前提是航天飞机的载重量必须大幅提升，要达到设计量的 3 倍以上。

　　一边是削减预算的沉重压力，一边是美国军方的复杂需求。在这种情势下，美国国家航空航天局于 1971 年被迫做出决定，削减了 100 亿美元的预算。这导致了航天飞机项目的重大调整：小飞机的荷载能力被大幅缩减，变成了小小飞机；大飞机的设计被彻底改变，从飞机变成了火箭，最终干脆演变为外燃料箱，液体火箭发动机则被安装在"飞机"的尾部，可以随"飞机"回收复用。即便如此，资金仍然不足，美国国家航空航天局不得不求助于总统尼克松争取到额外款项，用于增加两个小型助推火箭，这成为了今天我们熟悉的航天飞机的样子。

于是，航天飞机原型机和甲方的设想有着巨大的差距。在发射台上，外燃料箱像一个高大的巨人，挺立在中心，两侧是助跑的小火箭，而轨道飞行器则像一只趴在背上的猫咪，等待着被送往宇宙的旅程。当点燃引擎后，这个奇特的组合一飞冲天。随着飞行的推进，轨道飞行器像脱离母体的婴儿，独自闯荡宇宙，留下外燃料箱和火箭助推器在大气层中分离，燃料箱被抛弃，而助推器则掉入海洋，等待着被回收。

可以想象，甲方看到这样的设计是什么样的心情。这分明是给传统的火箭背上安了个飞机嘛！但这已经是工程师们绞尽脑汁节省成本后的结果了，如果按照最初的设想，制造一架堆叠在另一架飞机上的飞机，这个项目可能根本没钱启动。

经过不断地改进和完善，航天飞机终于迎来了它的首飞。1977 年，"企业号"航天飞机走出了工厂，开始了它的测试之旅。4 年后的 1981 年 4 月 12 日，"哥伦比亚号"航天飞机腾空而起，标志着航天飞机正式成为人类探索宇宙的重要工具。

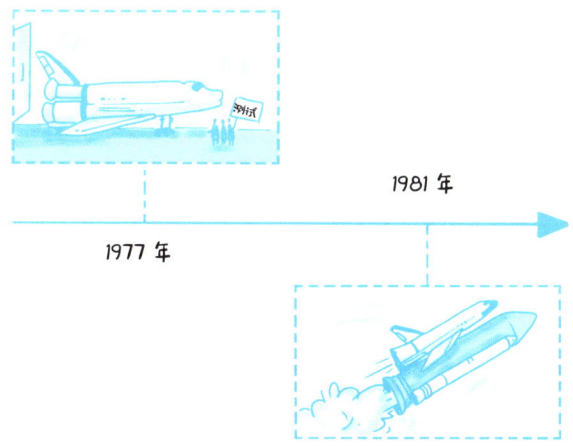

1981 年

1977 年

美国有的，苏联当然也要有

"哥伦比亚号"的壮丽升空令全球观众目瞪口呆。在那个年代，虽然载人航天早已不是新鲜事，但航天飞机的出现无疑是一项革命性的创新。航天飞机的可重复使用性极大地降低了太空探索的成本，更重要的是从此进入太空有望像在地球上搭航班一样便捷。美国人精明的宣传更是将这一成就推向了顶峰，在 1983 年的巴黎航空航天展览会上，"企业号"航天飞机与波音 747 的完美结合成为了展会中最耀眼的明星。

然而，这一成功也激发了苏联的竞争心。1984 年，苏联凭借其强大的国家力量推出了自己的航天飞机——"暴风雪号"。4 年后，即 1988 年 11 月 15 日，"暴风雪号"在苏联拜科努尔航天中心成功发射，并在太空中翱翔了 3 小时，环绕地球两周之后，平稳降落在距离发射地点仅 12 千米的跑道上。这一创举证明了苏联在太空探索领域的实力，并为全人类开启了航天飞机时代的新篇章。

当"暴风雪号"出现在世人面前时，人们立刻意识到，苏联在航天飞机领域实现了飞跃性的进步。"暴风雪号"进行的是无人遥控飞行，全程由地面控制中心操控，这无疑提高了技术复杂度，对通信等可靠性要求很高。与美国航天飞机不同的是，发射"暴风雪号"航天飞机的"能源号"运载火箭在后续计划中具备自我回收与重复使用能力。因此，"暴风雪号"航天飞机自身并不承担火箭主发动机回收任务，而是装备了两台与苏-27 同款的 AL-31 涡扇发动机用于大气层内机动飞行，这一改动非但没有削弱其性能，反而增强了安全性与机动性。小型发动机使得"暴风雪号"能够在大气层内进行主动飞行，即使首次着陆失败，也能重新调整飞行路径，再次尝试降落。这种设计让美国航天飞机望尘莫及，哥伦比亚号都馋哭了！

　　哥伦比亚号出厂前往发射场搭的是火车，暴风雪号就不一样了，人家买的是飞机票。为运送暴风雪号，苏联投入了超重型运输机的研发，最终打造出安 –225 这一巨无霸。它拥有近 89 米的翼展，可以容纳近 2000 人，其庞大身躯甚至超过了最大客机空客 A380。当安 –225 承载着"暴风雪号"出现在 1989 年的巴黎航展上时，它们所代表的不仅是苏联一个国家科技的巅峰，更是全人类航天事业的荣耀。

　　世事无常，这个辉煌时刻并没有持续太久。仅仅 3 年后，随着苏联的解体，"暴风雪号"的未来陷入了暗淡。失去了国家的支持，后续的航天飞机计划被迫搁浅，"暴风雪号"的无人首飞成为了绝唱。与此同时，安 –225 的命运也多舛，最终被分配给乌克兰，并在长时间内被闲置。尽管如此，这两大科技成果在后来的岁月里各自找到了新的使命：安 –225 成为运输大型货物的专业户，而"暴风雪号"则在技术层面为后世提供了宝贵的经验，树立了标杆。

　　然而，这两者的结局都不太美好。"暴风雪号"在 2002 年因仓库坍塌而遭到损坏，安 –225 则在 2022 年乌克兰冲突中遭到无情炮火的摧毁。这两个曾代表人类工程技术天花板的存在，在经历了世界的风云变幻后，最终在悲剧中结束了自己的一生。

想象一下，如果飞机也有天堂，这对昔日的科技瑰宝有机会在那个想象的天堂中重逢，它们或许会共同感慨命运的无常，也可能回忆那些曾经属于它们的光辉岁月。

那些岁月终究回不来了。

"挑战者号"折戟沉沙，7 名航天员殒命

在首秀荣光与竞争压力的共同催促下，美国人对航天飞机项目倾注了巨大的热忱和财力。根据美国国家航空航天局的数据，仅在 1983 年，他们就在航天飞机的研发上投入了惊人的 33 亿美元，而且在前后几年也是不惜重金。这些丰厚的投资换来了丰厚的回报：1982 年"挑战者号"、1983 年"发现号"航天飞机相继成功发射，就像从工厂流水线上出来一样。

然而，悲剧总是在不经意间降临。1986 年 1 月，美国计划再次使用航天飞机搭载 7 名航天员执行任务，选定的航天飞机是"挑战者号"，发射地为佛罗里达州的肯尼迪航天中心。不巧的是，那年遭遇了罕见的寒潮，无阻挡的冷空气直达位于北纬28.5度的肯尼迪航天中心，于是这个与炎热的重庆处于相同纬度的城市在那一年的1月却披上了银装。恶劣的天气加上一系列巧合，使得"挑战者号"的发射日期从22日一直推迟到23日、24日、25日、27日，经过5次延期后，终于在28日早晨准备就绪，即将踏上征程。

尽管"挑战者号"已经成功飞行了9次，经验十分丰富，但这次的任务仍然意义非凡。因为1986年是哈雷彗星造访地球的年份，这颗著名的彗星每76年才出现一次，很多人一生中只能见到它一次，因此极为珍贵。计划中，"挑战者号"将在大气层外捕捉到这个网络诞生前的"网红"的身影，这是令人期待的一项任务。

其次，在这7位航天员中，包括了两位女性——克里斯塔·麦考利夫和朱迪·蕾丝妮。在那个时代，女性的社会地位仍有待提高，因此两位女性的太空之旅成为了备受瞩目的新闻事件。

更值得一提的是，麦考利夫是一位教师，她是从11 000名中小学教师中脱颖而出的优秀代表，即将成为进入太空的第一位教育工作者。她还准备在太空中进行人类历史上的首次太空授课，向全美的学生们介绍失重环境下的液体特性、牛顿定律的应用等6个主题。当时，全美有一半的学生都在电视机前焦急等待，期待着这场特别的课。

"挑战者号"在众目睽睽之下点火启程。起始阶段一切似乎都在正常轨道上运行，但在50秒时，有人注意到航天飞机右侧的固体助推器冒出了一缕白烟，但这个细节并未引起过多关注。当时间来到73秒，一道橘红色的火球划破天际，伴随着浓烟的火焰小

球四散纷飞。当时
的电视技术并不像
今天这样发达，但
无论是现场观众还
是电视机前的人们，
还是都感到了震惊
和困惑。

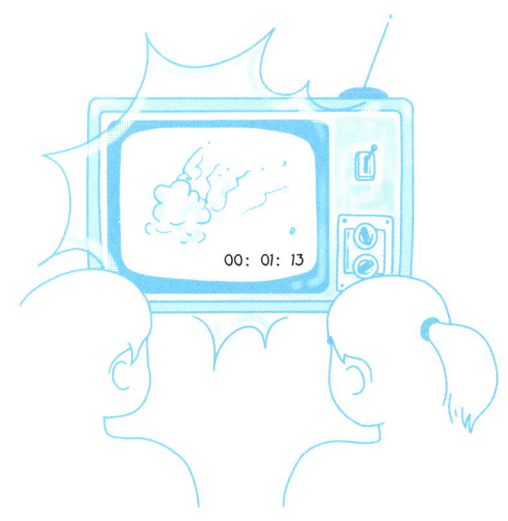

有人从那些火
焰中预感到了不祥
之兆，认为正常的
航天发射不应该出现火球。但也有人依旧抱有一线希望，认为这或
许只是发射过程中一个看似火球的正常现象。然而，希望很快破灭
了。又过了仿佛永恒的 40 秒之后，现场解说员沉重地宣布，经过
与飞行主任的确认，"挑战者号"发生了爆炸。后续的调查揭示，
这场悲剧是一系列连锁反应的结果，最初的起因在于右侧助推火箭
上一个不起眼的 O 形密封圈失效，这个橡胶制成的密封圈在低温
下可能变得脆弱并最终失去作用，导致航天飞机最终爆炸。事实
上，在发射前曾有工程师警告过这一潜在风险，但遗憾的是，这个
警告未能得到足够的重视。

"挑战者号"在升空的那一刻，那缕不寻常的白烟很可能是密
封圈失效时引发的初期火灾，后来火焰就吞噬了整架航天飞机。随
后的调查证实，"挑战者号"的灾难并非天灾，而是可预防的人祸。

后续调查表明，当航天飞机爆炸时，7 名勇敢的航天员所乘坐的乘员舱并未爆炸，而是被强大的爆炸气浪推向了佛罗里达的海域。至少有 3 人可能在乘员舱撞击海面的巨大力量下丧生，他们所承受的恐惧和痛苦是人们难以想象的。

这场灾难不仅仅是国家的损失，更是 7 个家庭永远的伤痛。他们就在航天飞机发射现场，被迫目睹了这场无法挽回的悲剧，他们的哭泣声在那天响彻了整个观看现场。

事后，证据显示这是一场本可以避免的灾难。美国国家航空航天局在发射前已经意识到了温度可能造成密封圈失效的问题，甚至与固体助推火箭的制造商莫顿·瑟奥科尔公司进行了沟通。尽管有公司内部工程师提出了反对意见，但管理层仍然坚持认为可以安全发射。最终，这场灾难以 400 万美元的赔偿金草草收场，而在不久后的 2001 年，瑟奥科尔公司被以 29 亿美元的价格出售，资本家们获得了巨额利润。

英勇的航天员们永远离开了我们，但那些对他们的离去负有责任的人却未受到应有的惩罚。他们在事故发生后依然过着平静、富有的生活，这让人们感到深深的无奈：正义不仅迟到，而且缺席了。

"哥伦比亚号"折戟沉沙，7 名航天员牺牲

"挑战者号"悲剧后，美国各地下半旗志哀，航天飞机项目也被迫冻结了 32 个月，但人们对太空的激情依然熊熊燃烧。2003 年 1 月，"哥伦比亚号"从休斯敦发射升空，这个日期的选择有一部分是为了纪念"挑战者号"的发射周年，寄托着人们对于航天事业的深刻怀念与期望。

2 月 1 日，是"哥伦比亚号"预定返回地球的日子。在美国国家航空航天局的指挥中心，工作人员们紧张而有序地工作着，期待着他们的英雄们凯旋。尽管气氛有些紧绷，但没有人感到恐慌，因为这架航天飞机及其机组成员都有着丰富的飞行经验。

然而，就在这时，飞机左翼的一个温度传感器突然发出了异常信号，显示温度异常升高。在地面和机舱内还未来得及作出反应，机身的温度也开始迅速上升，短短两分钟内就上升了 15 摄氏度。5 分钟后，左翼的温度传感器停止了工作，估计是由于过热而损坏。随后航天飞机开始出现危险的左翻滚现象，整个左翼遭到了严重破坏。

地面指挥中心紧急询问情况，"哥伦比亚号"的机长回应说：

"收到，但是……"

　　这句话还没讲完，"哥伦比亚号"的信号就突然中断了。这架先进的航天飞机在空中不幸解体爆炸，7 名勇敢的航天员未能生还，他们为科学和探索付出了最终的代价。

　　这是人类航天史上最为悲痛的篇章之一。随后，美国国家航空航天局迅速派出专家前往事故现场，他们收集了超过 84 000 片碎片，借助详尽的数据分析逐步拼凑出事故的真相。原来，在"哥伦比亚号"于 1 月 16 日启程的那一刻，它的外部燃料箱有一块泡沫材料脱落了，还恰巧击中了左翼，导致隔热板受损。在无垠的太空中，这一损伤或许并不致命，但在重返大气层时，飞机与空气剧烈摩擦产生的高温达到骇人的 1400 摄氏度，最终沿着这块缺少防护的地方烧穿左翼，致使飞机解体。

　　换言之，从起飞的那一刻起，"哥伦比亚号"便带着无法愈合的创伤，7 位航天员的命运已被悄然改写。在那令人难忘的 17 天里，他们在科研的殿堂里忙碌着，向世界传递着知识的火种，却不知自己已注定无法回到地球。

"挑战者号"的灾难曾激发了美国人航天的决心，而"哥伦比亚号"的悲剧则给高涨的航天热情泼了一盆冷水。截至"哥伦比亚号"事故为止，全球共有 22 名航天员牺牲，其中 14 人命丧航天飞机事故。面对如此惨痛的教训，人们不得不重新审视航天飞机的安全性。

特别是，研发航天飞机的初衷本是节约成本，但实际情况却是每架航天飞机的造价飙升至数十亿美元，远远超出了最初的预期。这让人不禁质疑：我们追求的究竟是什么？

因此，美国国家航空航天局开始考虑将航天飞机项目搁置。终于在 2011 年，"企业号"航天飞机完成了它的最后一次飞行，美国政府正式宣布暂停航天飞机的使用，这标志着这项技术长达 30 年的服役生涯就此终结。这些曾经翱翔天际的航天器如今静静地躺在博物馆中，成为了历史的见证。

研制航天飞机是一条弯路吗？

航天飞机的一个主要问题在于其结构过于复杂。如果用游戏中的角色来做比喻，航天飞机就像是一个"缝合怪"，人类对它是既要又要还要：既要具备飞天的火箭功能，又要像上面级一样在太空中部署卫星等载荷，还要能作为返回舱安全带回地球。这 3 个不同的功能本应由 3 个独立的工具来完成，但它们都被加到了航天飞机上，这无疑增加了其设计与操作的复杂性。

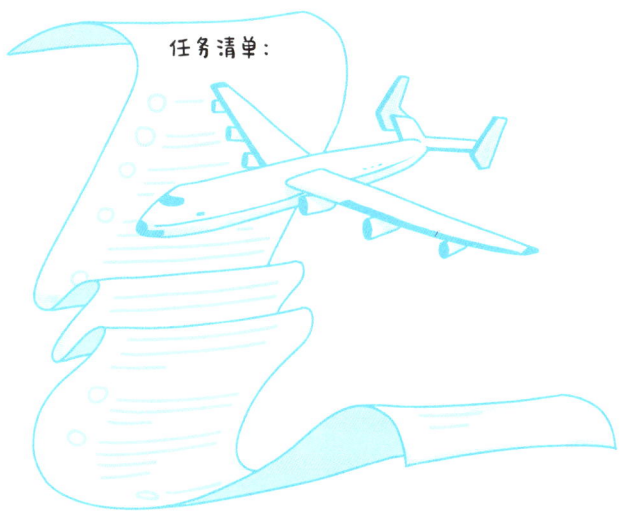

为了满足航天飞机的各种需求，设计师们不得不为其添加各种功能。航天飞机的腹部装上了火箭和燃料舱，以便它能冲破地球的引力翱翔太空；尾部除了确保它在轨道内机动的轨控发动机外，还安装着发射用的火箭主发动机，以期带回地球实现复用；而它的形状则被设计成类似飞机的样子，并在尾部两侧安装了姿态调整发动机，确保它能够安全返回地球。每增加一项功能，都不可避免地增加了一点故障的可能性，而历史上的两次悲剧都是由微小的部件故障引发的，这正是航天飞机的致命弱点之所在。

但研制航天飞机的初衷是值得肯定的，它所倡导的重复使用，降低成本和提高太空旅行舒适性的理念，正是未来航天发展的趋势。只有降低航天的成本，让更多的人体验到太空的美妙，才能激发公众对航天事业的热情，从而获得更多的社会资源支持，最终承载全人类向太空进发。

航天飞机因其超前的理念与对工程技术水平过于苛刻的要求，其探索过程成为人类太空探索之路上一条风光旖旎但充满艰险的弯路。而这条弯路，在当年差一点与中国航天交会。

那是 1987 年的 4 月，国防科工委开始组织专家组，对我国载人航天技术的发展途径和总体方案进行论证。当时全国热烈响应，最终专家组筛选出 5 个方案进行进一步论证，而其中 4 个都是航天飞机方案。

因为美国的航天飞机确实"看起来很美"：运载能力比飞船大得多；可以重复使用，成本似乎更低；可以水平着陆，安全性似乎更高……因此在论证之始，大多数专家都支持瞄准最先进的航天飞机开展中国的载人航天工作，由负责人造卫星研制的航天五院提出的载人飞船方案并不被看好。

此时，改变中国航天历史进程的两位英雄登场了。第一位是著名的航天专家王希季院士，他在当年就敏锐察觉到了美国航天飞机在经济性、安全性方面的巨大问题。经过王老的计算，航天飞机非但不能节约成本，反而会因安全性问题付出更多代价。因此，在气氛紧张的方案论证会上，王希季坚决地向与会专家阐述航天飞机方案的技术劣势与经济劣势，明确支持了载人飞船方案。

中国载人航天的第一步怎么走，专家们足足争论了 4 年。因为这并不仅仅是技术路线和各单位"饭碗"的问题，更是中国航天未来数十年的发展方向，乃至涉及我国国力与国际影响力的大问题。

在大讨论的纷繁中，第二位英雄登场，他就是大名鼎鼎的钱学森钱老。在国家航天领导小组向中央报告航天飞机方案时，也将报告呈送给了钱老，钱老在报告上只批示了 9 个字："应将飞船案也报中央"。

钱老的思考从技术层面直达国家发展战略：我们是发展中国家，载人飞船的研制有已熟练掌握的返回式卫星技术托底，研制难度不大，可靠性高，经济和研制周期方面完全可以承受。

中国航天人是讲科学讲实事求是的。在最终的方案比较论证会上，许多曾经支持航天飞机的专家学者，在数年的思考探索后，也开始倾向于载人飞船。

最终，1992 年 1 月，中央在综合各方意见，尤其是参考钱学森同志意见的情况下，决定中国载人航天由载人飞船起步。这避免了我们重蹈航天飞机的覆辙，走上与美国相同的弯路。

钱老当年的 9 字批示，可称一言九鼎。

6

从"礼炮号"空间站到"天和"核心舱

——空间站的发展史

最早的空间站：军事为主，科考为辅

同火箭的起源一样，人类对空间站的梦想最早也可以追溯到德国。在 1923 年，德国工程师赫尔曼·奥博特出版了一本名为《前往星际空间的火箭》的书，其中他大胆构想了一个在太空中建立永久居住点的计划。这个定居点不仅能够提供天气预报，充当地球的通信卫星，甚至还能为探索宇宙的飞船提供燃料补给，简直是全能小助手。

那个年代的德国正处于一战后的经济动荡和通货膨胀之中，技术层面距离开发 V2 导弹还有很长的路要走，奥博特的这一构想在当时看起来更像是一部科幻小说。然而，奥博特是以非常认真的态度来探讨这个话题的，并且他在书中提供了许多技术细节，这些细节后来被证明是相当准确的。奥博特作为火箭领域的专家，可能不是特别广为人知，但他的专业地位不容小觑，连大名鼎鼎的冯·布劳恩都是他的学生。二战后，这对师生被美国军方带往美国国家航空航天局工作了很多年。

受到老师的启发，冯·布劳恩后来也发表了自己的空间站构想。他设计的空间站直径达到了惊人的 76 米，能够容纳 80 人居住，并通过自身旋转产生人造重力。

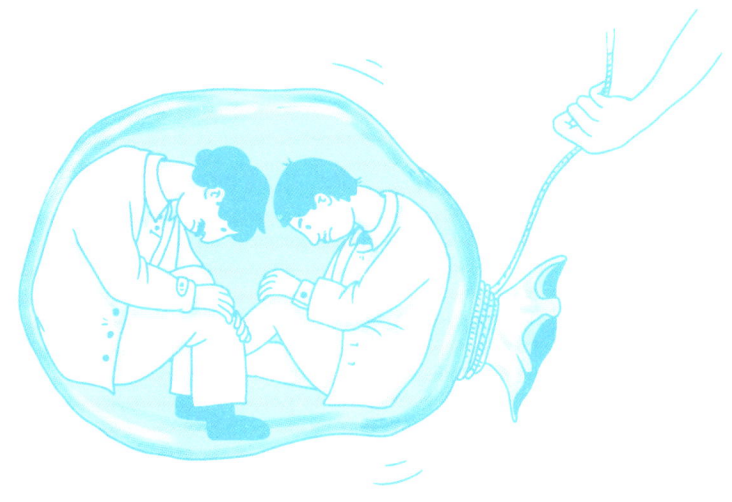

　　冯·布劳恩的构想虽然前卫，却因为成本过高而无法付诸实践。真正促使美苏两大强国投入巨资发展相关技术的，其实是军事需求。1955 年，美国研发出了 U2 高空侦察机，其飞行高度超过两万米，避开了大多数战斗机和防空炮的攻击范围。U2 频繁侵犯中国和苏联的领空，窃取了大量机密信息。但在 20 世纪 60 年代初，多架 U2 被击落，陈毅元帅在打下 U2 的新闻发布会上幽默地表示："我们是用竹竿捅下来（U2）的！"

　　为了继续监视其他国家，美国于 1963 年改造了"双子座"载人飞船，创建了一个名为"载人轨道实验室"的空间站，它能在数千米高的轨道上停留 40 天，从而不受限制地进行侦察，偷拍起来肆无忌惮。尽管如此，美国正式出版的航天史书籍并未将其称为空间站。

　　人类公认的第一个空间站，是由苏联于 1971 年发射的"礼炮号"。与现今的空间站相比，这个早期版本显得相当小巧：净重仅为 1.8 吨，长度只有 20 米，最大直径不过 4 米，分为 3 个舱段，航天员们住在主舱内，就像几个人共用一间狭小的公寓。相比之下，中国"天和号"核心舱的重量达到 22.5 吨，这让今天的航天员们有了更加宽敞舒适的工作和生活环境。

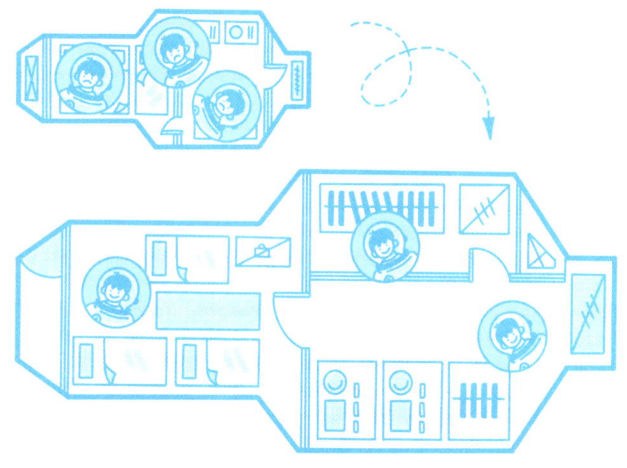

"礼炮号"空间站在轨运行的 6 个月期间，仅成功对接了一艘"联盟 11 号"飞船。不幸的是，3 名苏联航天员在结束了任务后，在返回途中遭遇了失压事故，全部罹难。又过了 3 个月，"礼炮号"完成了它的使命，按照预定计划脱离轨道，重新进入大气层，在南太平洋上空燃尽。

既然苏联拥有空间站，美国自然也不甘落后。在 20 世纪六七十年代，美国经济繁荣，阿波罗计划的实施过程中产生了大量的备用硬件。这些硬件正好可以用来建造一个空间站，与苏联一较高下。因此，1973 年，美国的"天空实验室号"空间站发射成功。相较于"礼炮号"，"天空实验室号"不仅体积更大，结构也更为复杂，还配备了气密舱，使得航天员可以在安全的环境中进行太空漫步。当然，航天员出舱是为了科学考察或进行设备维护，可不是为了在太空中散步放松。

"天空实验室号"在太空中坚守了 6 年，直至 1979 年光荣退役并坠入地球大气层。而在此期间，苏联的"礼炮"系列空间站也在不断地刷新纪录。到 1982 年，已经有 7 个"礼炮"空间站发射升空。除了第二号空间站因故在轨道上仅仅存活了十几天外，其余的空间站都持续地在太空中执行着长期任务。特别值得一提的是1974 年发射的"礼炮 3 号"，它属于军用型号，搭载的观测相机能

够清晰地拍摄到航空母舰甲板上的每一架飞机。更令人惊奇的是，该空间站还配备了一架 23 毫米机关炮！这是人类历史上首次在航天器上安装枪炮，将地球上的竞争态势扩展到了 400 千米以上的高空。

"礼炮"系列空间站中，1 至 5 号属于第一代，而 6 号和 7 号则构成了第二代。虽然它们的结构相似，但第二代空间站在可靠性和寿命方面有了显著提升，原本以百日计的使用寿命延长到了以千日计。特别是"礼炮 7 号"，它在太空中坚守了长达 3200 多天，直到 1991 年 2 月才在南美安第斯山脉陨落。巧合的是，"礼炮 7 号"的这次坠毁几乎与苏联本身的解体时间相吻合，当时距离苏联的终结仅有 10 个月之遥。

"和平号"VS"自由号"

1986 年，苏联将"和平号"空间站主体发射进入太空，这标志着第三代空间站正式投入运营。与之前的"礼炮号"不同，"和平号"采用了模块化设计，即积木式结构。它首先发射了一个核心舱段，并预留了对接接口，以便后续的舱段和飞船能够加入其中。

当核心舱段初登太空时，它仅有 13 米长，20.4 吨重。随着"量子 1 号""量子 2 号""晶体号""光谱号""自然号"5 个舱段以及"联盟 T-15"飞船的陆续加入，"和平号"的总质量达到了123 吨，使得原来的核心舱段相对而言成了一个小部分。

尽管"和平号"的设计寿命仅为 5 年，但它一直服役到了

2001 年，甚至超越了苏联本身的存续时间。在它辉煌的服役期间，发生了一个小插曲。1991 年 5 月，苏联航天员谢尔盖·克里卡廖夫前往"和平号"执行任务。然而，到了当年 10 月，他和同事沃尔科夫发现他们与地球失去了联系！

　　当时的苏联正处于解体的混乱之中，国内忙着分割遗产，无暇顾及太空中的克里卡廖夫和沃尔科夫。两人仿佛被遗忘在信息的真空之中，直到后来俄罗斯军队征兵时点到克里卡廖夫的名字时，才发现他已经无法联系上了。军方甚至发布了通缉令，最终才意识到他还在太空中等待回归呢！于是俄罗斯只好发射新的联盟号飞船把这两位公民接回来。

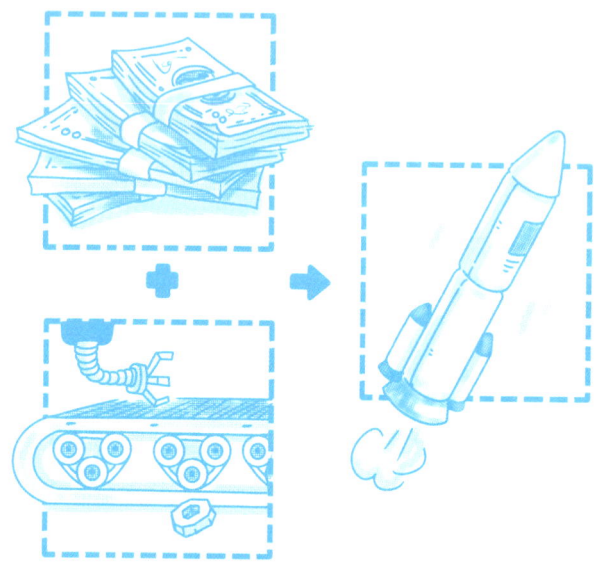

由于缺乏资金，俄罗斯不得不拍卖了两个座位来筹集返回所需的费用；拜科努尔发射场所在的哈萨克斯坦也分得了一个座位。这样一来，只剩下最后一个座位可供使用。因此，沃尔科夫得以返回地球，而克里卡廖夫则因经验丰富及其重要性被迫继续留在太空中，直到 1992 年 3 月才返回地球，此时他已经在外太空度过了311 天，身份也随苏联的解体而发生了变化，从苏联公民变成俄罗斯公民。

"和平号"空间站在其 15 年的服役期间，完成了从苏联到俄罗斯的转变。在这期间，它围绕地球飞行了 8 万多圈，总计行程达 35 亿千米，并完成了 2.2 万次科学实验。这些实验涵盖了从探测宇宙射线到研究失重环境下的蛋白质晶体生长等多个领域的研究。

更值得一提的是，"和平号"与美国航天飞机多次成功对接，开创了国际空间站合作的先河。在15年间，"和平号"接待了来自12个国家的62名航天员，为那些没有能力发射载人航天飞船的国家提供了宝贵的太空探索机会。

"和平"这个词充满力量！"和平号"空间站以它的辉煌成就证明了它无愧于这个名字。

然而，在白令海峡对岸的美国，情况就有些不同了。早在1984年，里根总统就批准了建立空间站的计划。不过，这个计划的进展似乎并不顺利。虽然在一年后，美国国家航空航天局拿出了一个看似不错的方案，并将这个未来的空间站命名为"自由号"。

"自由号"这个名字显然带有强烈的象征意义，美国作为所谓的"自由世界"的老大，想要带领整个西方资本主义阵营翱翔在宇宙之中。其他国家也嗅到了机会的气息，纷纷寻求与美国的合作。自从1985年美国提出空间站方案起，日本、西欧和加拿大就开始与美国进行谈判。到了1993年，美国甚至找到了俄罗斯，因为当时苏联拥有过8个空间站，而俄罗斯作为苏联的继承者，无疑拥有丰富的经验。在俄罗斯加入后，"自由号"这个名字显然不再适用，于是项目更名为"国际空间站"，象征着国际合作的精神。

国际空间站的合作方包括了6个主要国家或地区：美国、俄罗斯、日本、加拿大、欧洲以及巴西，它们都通过官方航天机构进行协调。其中欧洲空间局（ESA）就有11个国家参与其中。由于参与国家众多，国际空间站的建设过程中分工显得格外国际化。例如，第一个部件——多功能货舱"曙光号"，是由美国资助、俄罗斯建造，并最终乘坐俄罗斯火箭升空的。然而，如此复杂的国际合作也带来了挑战，导致项

目的进度比预期慢了很多。经过长达 15 年的马拉松式谈判，"曙光号"终于在 1998 年 11 月 20 日成功发射，标志着国际空间站建设的正式开始。

14 天后，节点舱搭乘美国航天飞机终于来到了国际空间站，为其构筑了坚实的核心。随后，在 2000 年，3 个新的舱段加入，3 名航天员正式入驻，开启了人类在这片星辰大海中的持续探索。但是，这个漂浮在地球轨道上的宏伟工程遭遇了严峻考验：2003 年"哥伦比亚号"航天飞机不幸失事，使得所有航天飞机停飞，导致计划中的舱段发射推迟了 3 年。直到 2011 年，国际空间站的组装工作才宣告完成。

在这个庞大的项目中，参与国之间的意见并不总是一致。科技实力强大的美国或许因为对近地轨道的探索已经感到满足，将目光

投向了月球和火星，甚至在 2009 年考虑退出国际空间站。相比之下，俄罗斯、日本、欧洲和加拿大等国则希望通过这个珍贵的平台继续深入研究地球附近的宇宙环境，双方因此展开了一系列谈判和不显山露水的竞争。

2018 年，国际空间站的一个舱段发生了气体泄漏事件，不仅让安全问题骤然紧张，还引发了俄罗斯和美国之间的激烈争执。俄罗斯声称调查结果显示，一名美国航天员为了制造事故以便提前返回地球而在舱壁上钻孔，而美国方面则坚决否认这一指控。这场风波不仅揭示了国际合作中的复杂性，也暗示了在遥远的太空中，各国之间的合作与怀疑并存。

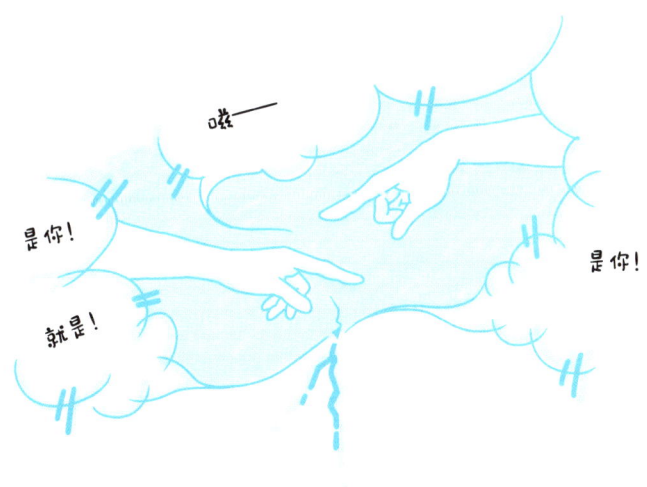

原计划中，国际空间站将在 2024 年退役。欧洲和日本等合作伙伴希望它能继续服役 5 年，美国出于自身考量也支持这个建议。

不过，这个决定需要得到俄罗斯的同意。不幸的是，2022 年 2 月发生的俄乌军事冲突导致了俄罗斯与西方关系的破裂，从而影响了关于空间站服役延期的谈判。

由于这场冲突，国际空间站的未来变得不确定，留给它的时间不多了。

中国空间站：后起之秀

虽然国际空间站可能即将退役，但不必过于担忧。在遥远的宇宙中，人类依然拥有一个稳固的太空堡垒——那就是中国空间站。

在空间站的竞技场上，中国虽然起步较晚。但就在 2009 年，在韩国首尔举办的第 60 届国际宇航大会吹风会上，中国首次向世界展示了其宏伟的空间站计划。同年春节晚会上，"天宫一号"的精美模型令全球观众眼前一亮。然而，当时的俄罗斯已不再对空间站抱有太多热情，而美国主导的国际空间站也即将在 2010 年竣工，中国的空间站蓝图似乎还只是纸上谈兵。

然而，中国的进展速度令人瞩目。到了 2011 年 9 月，"天宫一号"已经成功发射，标志着中国拥有了自己的首个太空实验室。这个实验室在太空中坚守了 7 年之久，与后续的"神舟八号""神舟九号""神舟十号"相继对接，并首次迎来了中国航天员的到访，成功验证了多项关键的载人空间站技术。

2016 年 9 月，"天宫二号"继往开来，它的发射不仅与"神舟

11号"飞船成功牵手，还与"天舟一号"货运飞船紧密相连，证实了在轨补给技术的稳定性。如果说"天宫一号"为航天员提供了太空家园，那么"天宫二号"则确保了这个家园的后勤保障，使得物资得以源源不断地送往这个遥远的前哨。

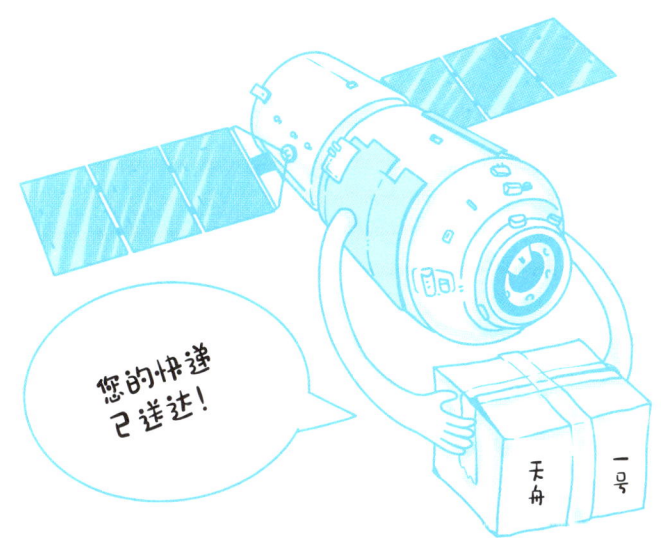

在2018年4月和2019年7月，"天宫"系列实验室在完成使命后陨落之际，中国的航天技术已然跨入了崭新的空间站时代。尽管这两个实验室按照美国和苏联的标准已堪称小型空间站，但低调的中国人仍将它们称作空间实验室的试用版本。

随后的进程人尽皆知。2021年4月，"天和"核心舱成功发射，搭建起了中国空间站的第一块基石，也接待了首批到太空出差3个月的航天员。2022年7月和10月，"问天"和"梦天"实验舱相继发射并与核心舱对接，形成了中国空间站的 T 字形结构，同时支持多达 6 名航天员的在轨驻留。

秉承君子之道，中国在"天和"核心舱发射时便向全球表达了合作意愿。2022 年 1 月，《2021 中国的航天》白皮书公之于众，详述了包括联合选拔培训航天员、共同开展飞行任务等一系列国际合作计划。因此，未来在中国空间站看到外国航天员的身影将不足为奇。

中国空间站的建设遵循着一条清晰的技术演进和人类智慧深化的轨迹。正如许多技术一样，空间站技术最初源自军事领域，经过 10 多年的磨砺才转向民用；它起初是大国竞争的工具，经过 20 多年的发展逐渐成为了国际合作的平台；它最早仅被超级大国所掌握，直至近 40 年间才逐渐为发展中国家所运用。这是否也是人类其他高端科技发展的缩影呢？

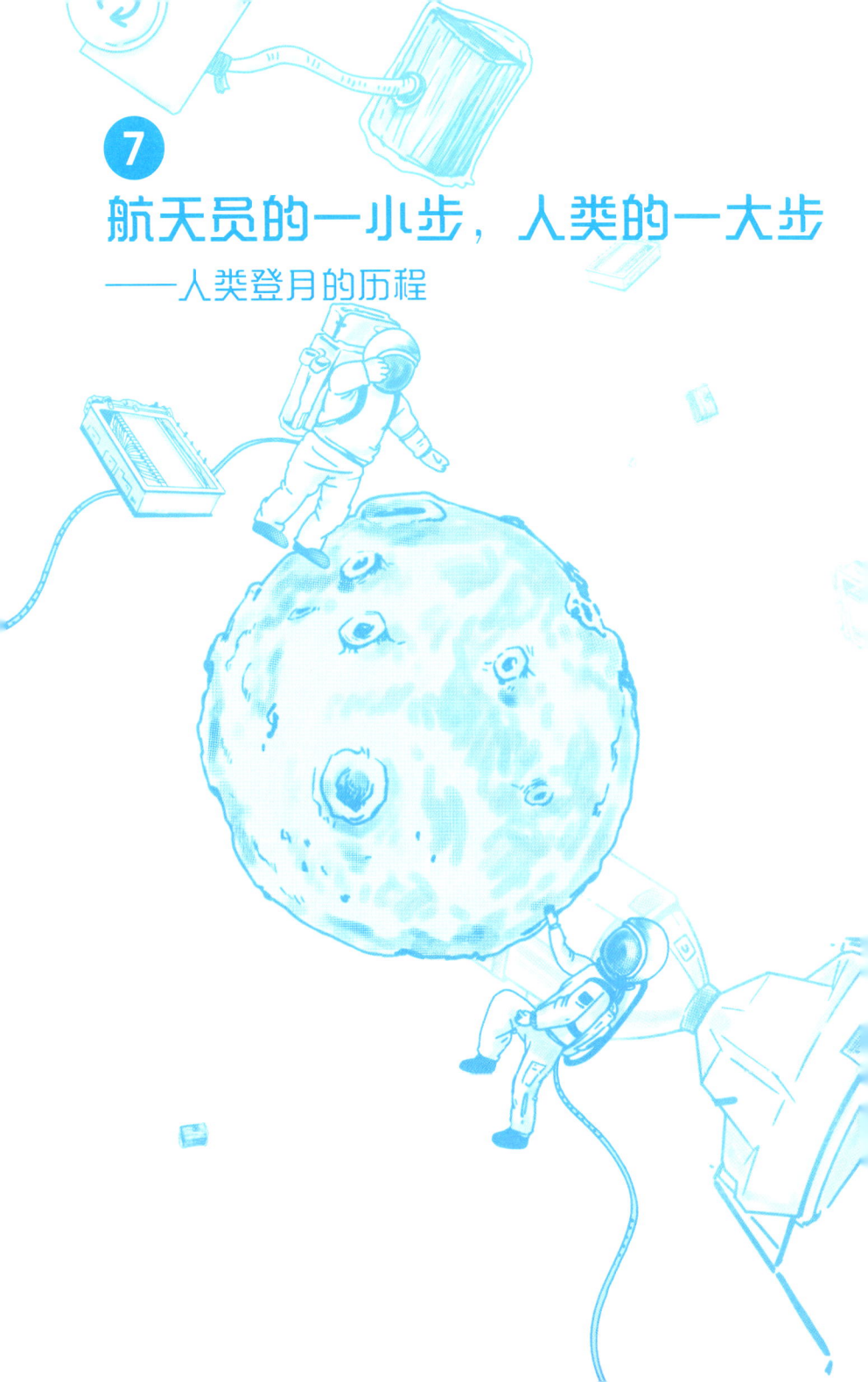

7

航天员的一小步，人类的一大步

——人类登月的历程

为首次登月那一天，人类准备了 8 年

1969 年 7 月 21 日，月球。

"鹰号"登月舱与"哥伦比亚号"指令舱分离后，正向月球表面缓缓降去。但就在这个节骨眼上，两名航天员突然发现他们信赖的自动导航系统出现了过载现象。这情形就好比你使用一台老旧且配置低下的电脑运行一个较大的程序，屏幕上的一切仿佛被按下了暂停键，任凭你怎么点击鼠标或敲击键盘，它就是一动也不动。在美国载人登月那个年代，电脑的内存容量是以 kb 为单位的，系统卡顿简直是家常便饭。

电脑卡顿对普通人来说只是小麻烦，但对于正在降落的关键时刻的航天员而言，哪怕是小小的偏差也可能导致机毁人亡，人类的首次登月可能就会以悲剧告终。幸运的是，航天员尼尔·阿姆斯特朗保持冷静，果断切换到手动控制，驾驶飞船朝着预定的地点降落。

尽管人类的计算能力无法与电脑相比，但"鹰号"登月舱最终还是成功降落在月球上，这时燃料消耗已经达到了警戒线。若非阿姆斯特朗的手动操作，他们可能就不得不放弃登月任务了……

就在这样紧张刺激的氛围中，人类历史上的两只脚终于踏上了月球表面。阿姆斯特朗的经典语录通过无线电波传遍全球："这是我的一小步，却是人类的一大步。"紧随其后的巴兹·奥尔德林也顺利登月，两人开始了在月球表面的探索和采样工作。

为了这一刻，人类已经努力了 8 个年头。1961 年 5 月 25 日，美国总统肯尼迪宣布美国将开展载人登月项目。这一决定的背后是苏联在航天领域的领先，美国迫切需要在航天竞赛中取得一次胜利以挽回颜面。

在这 8 年里，美国航天事业取得了显著成就。在肯尼迪讲话的 3 个月后，"徘徊者"探月项目便宣告启动，美国向月球轨道发射了第一颗环绕探测器。到 1965 年，"徘徊者"已经成功发射 9 颗，拍摄了 1.8 万张月球表面的照片，为确保安全着陆提供了关键数据。

在论证了着陆可行性之后，美国航天局开始了三管齐下的策略。从 1965 年到 1966 年，共发射了 10 艘"双子座"飞船，每艘搭载两名航天员，专注于飞行、对接和舱外活动等训练。

在 1966 年至 1967 年间，经过对 40 多个潜在登月点的初步筛选，美国航天局又连续发射了 3 颗探测器，对这些候选地点进行了详细的观测，并拍摄了高清照片。经过这一轮深入研究，40 个候选地点被缩减至 10 个最理想的着陆点。

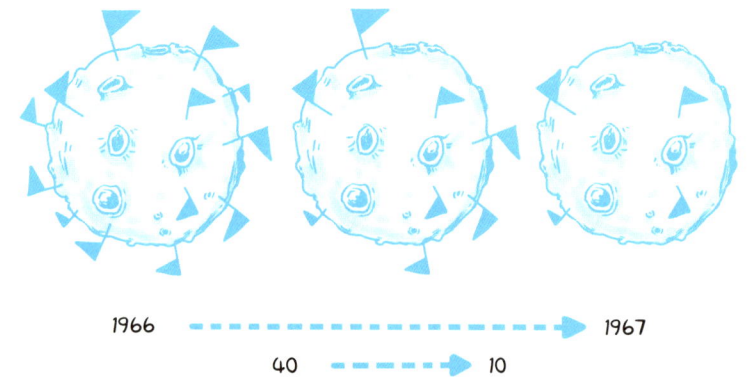

在 1966 年至 1968 年间，美国共发射了 7 个"勘测者"月球着陆器，其中有 5 个成功降落在月球上，总计拍摄了 8.6 万张月表照片。这些照片让科学家们得以深入了解月壤的物理和化学特性。

得益于这些无人探测器的先锋工作，到了 1969 年，当阿姆斯特朗和奥尔德林乘坐"阿波罗 11 号"前往月球时，人类对月球的理解已经有了显著提升，而他们的登陆行动进一步加深了人类的这种认识。

从 1969 年到 1972 年，"阿波罗"计划总共实施了 7 次登月任务，其中有 6 次取得了圆满成功，共有 12 名航天员在月球表面留下了足迹。他们在月球上总共停留了 270 多个小时，其中有 80 小时 36 分钟的时间是在月球表面自由活动。他们走过了近 100 千米的距离，钻取了深达 3 米的月球岩芯，并发现了 57 层月壤。此外，他们还带回了总计 385 千克的月球岩石样本，至今仍被科研人员用于研究。相比之下，苏联虽然率先将无人探测器送往月球并带回了约 1 千克的月壤样品，但无人探测器无法替代人类在实地考察中所获得的直观经验和丰富数据。亲眼看到月球表面、亲自触摸月球土壤，无疑是最直接、最有效的科学观测方式。

月球，这个见证了地球长达 45 亿年历史和生命演化的卫星，利用其引力弹弓效应为地球抵御了众多小行星的侵袭。登月的航天员是已知的月球迎来的第一批客人，如果月球果真有知的话，想必也会向登月的航天员们致以欢迎。

尽管"阿波罗"登月计划被标榜为美国的壮举，但不应忘记它同样是全人类进步的象征。没有全球多个国家共同努力积累的科技底蕴，美国便无法研制出如此尖端的火箭和飞船；若非感受到苏联的挑战和竞争，美国也难以集结全社会的力量来实施这样一项宏伟计划。

史上一次不算成功的登月

在"阿波罗"计划的 7 次登月任务中，有 6 次宣告圆满成功。关于剩下的那一次，究竟是成功了还是失败了？

那次特别的尝试是"阿波罗 13 号"任务，在 1970 年执行的。这次任务可以说既是成功又留有遗憾，说是成功了吧但又没有登月，说是失败了吧但又没有坠毁。具体来说，虽然登月部分未能实现，但航天员们完成了绕月飞行，并且安全返回地球。尽管未达成登陆目标，他们的勇敢和平安归来本身就是一个值得骄傲的成就。

那是 1971 年 4 月 11 日。当天下午两点左右（美国东部时间），搭载着"阿波罗 13 号"飞船的"土星 5 号"火箭升空，标志着人类历史上第三阶段的载人登月工程正式启程。虽然在起飞后的 5 分 30 秒，第二级火箭中的一个发动机出现了故障，导致比预期提前 132 秒关闭，但通过第二级火箭周围其他 4 个发动机额外工作了 34 秒，以及第三级火箭额外工作了 9 秒，飞船最终还是达到了预定的速度，确保了任务的继续进行。

除了这个小挫折，"阿波罗 13 号"的旅程起初相当平稳，飞行了两天之后，即在第 55 个小时（美国东部时间 13 日晚上 9 点），指令长吉姆·洛威尔进行了电视直播，向全国观众致晚安。然而，就在晚安讯息发出后不到 10 分钟，航天员们在开启 2 号氧罐的搅拌风扇后听到了一声巨响，系统随即触发了自动警报。

在紧张的氛围中，洛威尔立即向地面控制中心报告了这一紧急状况，惊呼："休斯敦，我们遇到麻烦了！"幸运的是，两分钟后警报自行解除。航天员们暂时松了一口气，开始试图分析问题所在。不幸的是，过了一会儿，洛威尔无意间望向左侧舷窗，发现飞船外部正在排放白色的气体。

这些气体是怎么回事呢？事实证明，那声巨响是因为 2 号液态氧罐发生了爆炸，并导致 1 号液态氧罐也发生泄漏。事实上，目睹这一现象的不仅仅是洛威尔，位于休斯敦航天中心楼顶的一些工作人员兼天文爱好者在用望远镜追踪"阿波罗 13 号"的位置时，也目击了飞船排出不明物体的惊人一幕。

液氧罐和液氢罐是为飞船的燃料电池提供原料的，它们通过化学反应产生电力。当液氧供应不足，且两个燃料电池停止工作后，仅剩的一个燃料电池显然无法满足飞船的电力需

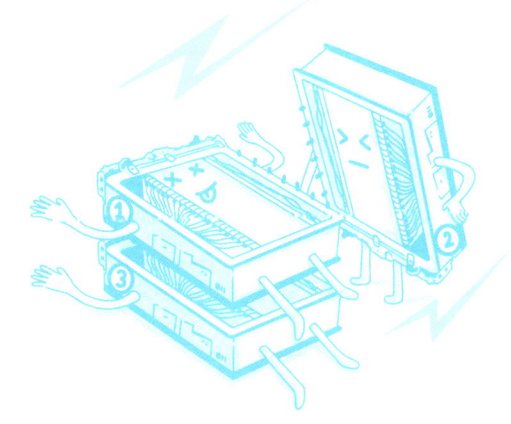

求。同时，由于液氧是维持生命系统和飞船功能的关键要素，液氧罐的爆炸和泄漏立刻让航天员面临双重危机：不仅登月任务可能要取消，而且他们的生命安全也可能受到威胁。

于是，"阿波罗13号"的任务焦点迅速转变，从登陆月球变为了返回地球，从人类探索史上的一大步变成了一个紧迫的救援行动。地面控制团队和航天员面临着一系列迫切的问题：一、飞船应该前往何处？二、将以何种方式、在何地降落？三、如何确保在返回过程中有充足的氧气、电力、饮用水和食物？

对于第一个问题，即飞船的前进方向，很快就有了解决方案。当时飞船已经距离月球很近，几乎完成了三分之二的路程。直接掉头会消耗大量的剩余能源，因此决定继续前往月球。这样做的另一个优势是，航天员至少能够有机会近距离观测月球。

第二个问题的答案在于"阿波罗"飞船的独特设计。它由几个部分组成：最上边是指令舱和相连的服务舱，下边是登月舱。在太空中，这些部分会重新排列，以"头顶头"的方式飞行。重要的是，登月舱拥有自己的独立电源和生命支持系统。早在1962年，美国国家航空航天局的专家就考虑过将登月舱作为紧急救生舱的可能性，而这次救援正是这一构想的首次实际应用。

爆炸后的两个半小时内，航天员们关闭了电力即将耗尽的指令舱，转移到启动中的登月舱内。此时指令舱只剩足够支撑15分钟的电力，而距离预计的返回地球时间还有80多个小时。

紧接着，他们遇到了第三个挑战，这需要一个创新的解决方案。因为没有足够的电力来点燃指挥舱的发动机，航天员们不能留

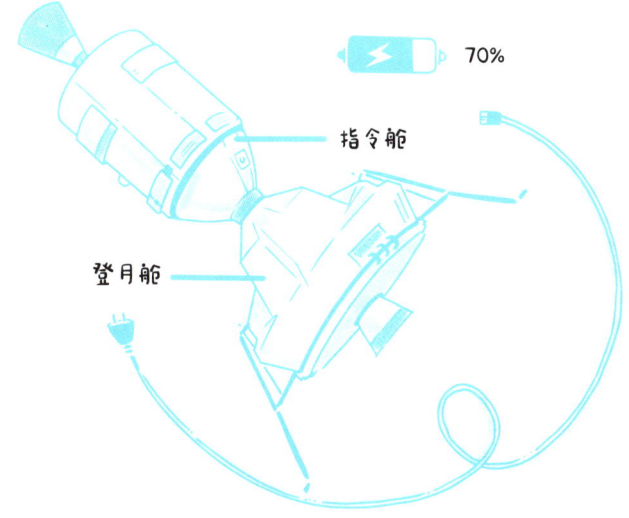

70%

指令舱

登月舱

在里面。但如果不能点燃指挥舱的发动机，他们就无法重新进入地球大气层。这是一个生死存亡的问题。

他们的解决方案是把登月舱当作一个大号的充电宝来给指挥舱充电。虽然这个方法并不理想——因为登月舱并非专为充电而设计，效率只有大约20%——但在那种情况下，也别无选择。

为了给指挥舱充电，登月舱关闭了所有不必要的电器，将其功耗降至原来的五分之一。尽管如此，充电后登月舱的电力也仅剩下五分之一。关闭电器后，舱内的温度迅速降至3摄氏度左右，这种寒冷让人想起深秋的夜晚。在这样的环境中，航天员们所面临的不仅仅是技术上的挑战，还有心理上的巨大压力。

在登月舱内，氧气供应是充足的，但仅仅有氧气是远远不能保证生存的，人们需要呼吸到含氧量高且二氧化碳含量低的空气。通常，大气中的二氧化碳浓度约为万分之三。二氧化碳浓度上升到一定程度，如达到 1%，会让人感到疲倦或呼吸困难；达到 5%，可能导致眩晕；而到了 10%，则可能使人失去意识并迅速死亡。正如北方农村储存蔬菜的地窖里，因二氧化碳积累而不能立即进入，或者冬季密闭教室中二氧化碳水平上升会让学生感到头晕一样，此时航天员面临的困境也是由于这个原理。

登月舱是一个密封良好的小型舱室，内部装有氢氧化锂罐用于清除空气中的二氧化碳。然而，这些储备仅够供两个人使用 45 小时，现在却必须支撑 3 个人超过 80 小时。虽然指令舱中也有用来制备氧气的氢氧化锂，但由于其形状与登月舱接口不匹配，无法直接使用。因此，这个问题变得更加棘手。

当 3 位航天员在登月舱内度过了大约一天半的时间后，舱内警报响起，提示二氧化碳浓度已经触及警戒线。若不及时处理，地面支持团队两天后开启舱门，恐怕看到的将是 3 具尸体了。

在如此紧迫的生死关头，任何不必要的动作都可能加速氧气消耗和二氧化碳排放，从而加大危险。因此，地面团队马上集中全力，尝试用舱内现有的所有资源来解决问题，同时要求航天员保持镇定等待救援。最后，一个创意性的解决方案浮出水面：利用纸板制作一个方形盒子，将其与方形的氢氧化锂罐相连，通过在纸板上开孔接入密封塑料袋，塑料袋再连接航天服的呼气软管。软管的另一端则接到登月舱的过滤罐圆形接口上，并使用风扇产生负压以驱散废气进行净化。整个装置用胶带做最后的固定，其简易程度似乎与人类登月技术的先进性格格不入，更像是小学手工课上一个临时凑合的手工制品。

尽管这个看似简陋的设备看起来并不像是高科技的产物，但它发挥了至关重要的作用，成功地降低了登月舱内的二氧化碳浓度，从而挽救了 3 位航天员的生命。

除了面对呼吸困难的问题，3 位航天员还不得不应对食物和饮水严重短缺的情况，他们被迫每天仅食用不到 200 克的食物。在仅有 3 摄氏度的低温环境中，每人每天只能吃到两片面包，他们就这样迎来了未知的命运裁决。

幸运的是，归途虽然远称不上舒适，却没有出现更人的意外。在 4 月 17 日的上午 11 点，任务进入第 137 个小时，飞船进行了最后一次修正点火，并在 6 小时后成功进入大气层再入轨道；不久后，登月舱携带着 3 顶降落伞精准地降落在距离预定目标约 1.6

千米的太平洋海面上，不远处的"硫磺岛号"航空母舰正待命迎接这3位英雄的归来。

美国国家航空航天局在回顾这次发射时，耐人寻味地将其称为"成功的失败"。虽然未能成功登月，但最重要的是所有的航天员都平安返回了地球。失败之后，美国国家航空航天局进行了彻底的检查。在其官网上公布了几条当时的教训：

首先，他们重点调查了引发事故的液氧罐。很快，他们发现这个原计划安装在"阿波罗10号"上的液氧罐发生过意外，在维护过程中不慎跌落。虽然外观上看似完好，但内部已经受到损伤。到了1970年3月的一次测试飞行中，这个曾经受损的罐子出现了液氧无法完全自动排空的问题，测试团队通过整夜加热才解决了问题。然而，这一过程导致了罐子的加热器自动关闭阀门被烧坏，同时也损坏了内部电路。

这一连串的错误使这个液氧罐变成了一个行走的定时炸弹，随时会在"阿波罗13号"任务中引爆。携带这样的定时炸弹上天，能安全归来实在是个奇迹！

此外，氢氧化锂罐的不兼容问题迫使3名航天员进行手工应急修复，险些导致

悲剧发生。这一事件直接促进了美国国家航空航天局对标准化的重视，使得未来太空飞船上所有具有相同功能的部件必须具备互换性。

美国人还能登月吗？

自阿姆斯特朗和奥尔德林在月球上留下足迹至今，已经过去了 50 多个春秋。在这半个多世纪里，关于载人登月的真实性一直存在着各种阴谋论。有些人认为，载人登月只是一个谎言，那些画面和同时代《星球大战》这样的电影一样，都是在摄影棚里拍摄的；另一些人则质疑，20 世纪 70 年代，计算机还是黑白屏幕，需要人工输入指令，而那时美国竟然能够派人登上月球。那么，为什么过去的 50 年里，科技取得了巨大进步，我们却没有再次登上月球呢？

事实上，载人登月并非骗局，这一点是全球科学界的一致共识。当我们在电视屏幕上看到那些画面时，世界各地的科学家们却亲眼见证了各种技术细节。中国等国家甚至收到了美国赠送的月球土壤样本，从而对月球有了更深入的研究和理解。这些研究成果与对月球的观测结果相互印证。如果这一切都是伪造的，那么造假的成本将远超真的登上月球一次，实在看不出美国人为何要在这个事情上花费如此多的精力和金钱。

此外，众多航天科技的成果已经融入了我们的日常生活。人们最熟悉的例子可能就是方便面中的蔬菜干和婴儿使用的纸尿裤。实际上，这个应用清单非常长，尤其是在"阿波罗计划"期间发明的那些技术：

电脑鼠标

在 20 世纪 60 年代初，电脑仅配备了键盘和屏幕，用户必须记住烦琐的命令才能进行操作。然而，在 1968 年，正当"阿波罗"计划紧张推进之际，一位美国航天工程师设计了一个巧妙的设备：一个底部装有小球的木盒，可以在垫子上移动。这个小球使盒子内部的机械装置转动，从而改变电阻并发出信号来操作电脑。这就是最初的鼠标。

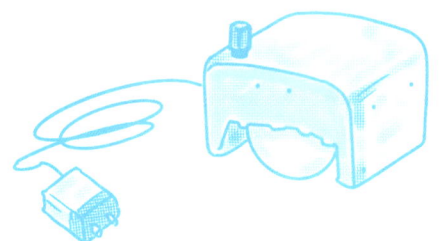

树脂太阳镜

早期的太阳眼镜片由玻璃制成，虽然不太容易磨损，但是非常易碎。后来，美国官方规定太阳镜片必须具备抗碎能力，于是制造商开始转向使用树脂材料。然而，树脂镜片虽不易碎，却面临容易磨损的问题。美国国家航空航天局的工程师从净水器的镀膜技术中得到了启发，为航天员头盔的镜片镀上一层膜，成功解决了这一问题。

气垫鞋

为了让航天服的内胆能够承受巨大压力，工程师们开发了一种新的生产工艺。他们将耐压材料加热至软化，然

后在高压气体的作用下吹塑成型。如今，这种技术被广泛应用于运动鞋底的制作，使得鞋底既富有弹性又非常结实。

总的来说，载人探月工程以及整个载人航天领域的确需要巨额投资，但它们也孕育了许多尖端技术，这些技术极大地推动了社会的发展。

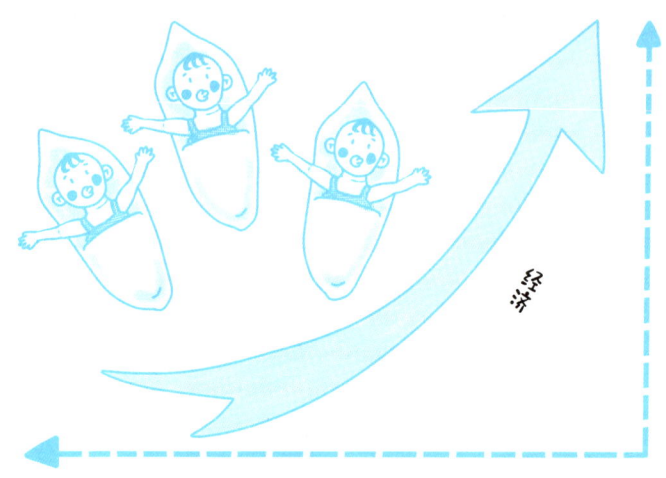

　　2017 年，美国国家航空航天局宣布了"阿尔忒弥斯"计划。阿尔忒弥斯是古希腊神话中的月亮女神，也是太阳神阿波罗的孪生姐姐，这个名字象征着该计划的目标——重返月球。

　　然而，对于现在的美国而言，登月并非易事。20 世纪 60 年代的登月任务实际上是全美国的共同努力，其成功离不开特定的历史背景。当时美国正处于战后婴儿潮时期，经济繁荣，国力日益增强，具备了支持庞大航天项目的财力。此外，美苏之间的太空竞赛也为美国提供了强烈的动力，投资航天成为了全民意愿，有助于凝聚社会共识来支持这一工程。如今美国的经济状况与过去不可同日而语，加上社会分裂和内部矛盾的加剧，想要再次集中力量完成这项重大任务，面临的困难可想而知。

　　在考虑重返月球之前，美国需要先解决好地球上的问题。

8

下一站，火星
——人类探索火星的历史

火星上有运河？持续了几十年的以讹传讹

1877 年，火星遭遇了它的大冲之年，即地球、火星和太阳三者排列成直线，且火星位于其轨道靠近太阳的一点上。这个事件每15~17 年出现一次，使得火星在夜空中格外明亮，成为绝佳的观测目标。全球无数台望远镜指向这颗红色星球，其中包括位于意大利米兰布雷拉天文台的一台，由天文学家哥万尼·夏帕雷利操作。凭借良好的视力和运气，夏帕雷利观察到了火星表面上的许多线条，并将它们描绘下来公之于众。

这些线条在意大利语中为"canali"，本来是一个具有多重含义的词，可以指管道或运河。可当它被翻译成英文时，译者却采用了"canal"这个词，意为运河，这下可引发了公众的联想，有运河，那是谁挖的呢？火星上是不是有生命，甚至有智慧生命？由于当时缺乏靠谱的信息网络传播，误解和误传变得非常普遍，有关火星运河和潜在智慧生命的说法迅速走红，成为轰动一时的热点新闻。

到了 1894 年，这场争论变得更加复杂。一个名叫洛韦尔的美国富商，出于对天文学的浓厚兴趣，建立了私人天文台，并配备了先进的望远镜。他在天文台的会刊上发布了大量关于火星运河存在的文章，并通过多本书籍进一步推广这一观点。尽管有巴黎天文台的台长等知名科学家努力辟谣，但正如在网络时代一样，真相往往跟不上谣言传播的速度。谣言继续扩散并演化，最终导致了普遍的信念——火星上存在着智慧生物。

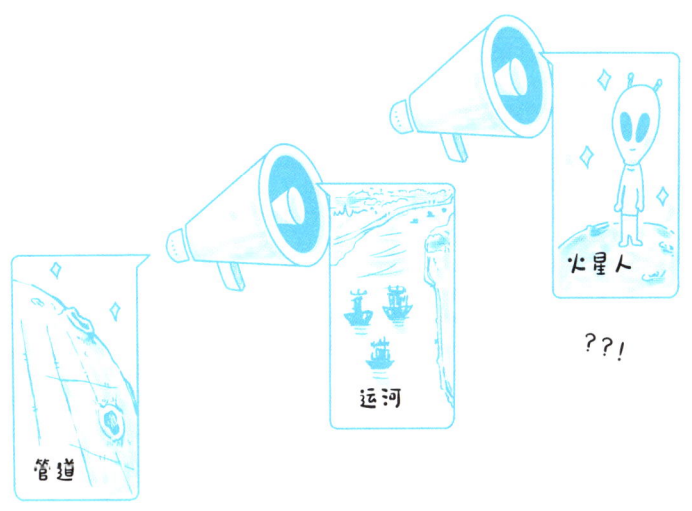

　　既然人们相信火星上存在智慧生命，那么自然产生了尝试与之通信的想法。随着马可尼成功发明无线电报，实现了信号从英国到加拿大跨越大西洋的传输，许多人便开始提议向火星发送无线电信号。

　　同时代的另一些人则认为，如果火星人具备发送信号的能力，那么地球上应该建立接收设备来捕获这些信息。因此，大量的无线电设备被制造出来，人们满怀期待地等待着来自火星的信号。

　　各领域的专家也加入了这一火爆的探讨。已故的数学家高斯曾提出的在西伯利亚平原上制作巨大几何图形的计划被重新提及，作为向假想的火星访客展示的手段。甚至有匿名读者向权威学术期刊《科学》投稿，建议给地球挖个贯穿洞，通过有规律地遮挡阳光制造闪烁信号来与火星进行交流。虽然这位读者后来表示他的提议是出于讽刺，但这样的想法已经引发了广泛的讨论。

　　在那个时代，这些想法并非荒诞不经，而是被十分严肃对待的议题。著名的发明家特斯拉声称他曾接收到规律性的声音，怀疑这是来自外星文明的信号，这进一步激发了人们对与火星文明通信的想象。

　　而无线电传输设备的创造者马可尼则呼应了特斯拉的观点，他声称在进行无线电研究时接收到了外星来源的信号，并认为这一点都不意外。

　　发明电灯泡的爱迪生也加入了讨论，他表示马可尼的经历可以用外星文明试图联系我们来合理解释。

就像任何热门话题一样，火星热随着新热点的出现而逐渐降温。在第一次世界大战期间，欧洲各国的注意力被战场上的争斗和后方的生存问题所占据，探索火星的问题变得不再紧迫。尽管战后有短暂的复兴，但随着全球紧张局势升级，第二次世界大战的阴云密布，人类面临着更为现实和紧迫的威胁，对于遥远火星上的生命问题的关注自然也就减弱了。火星热就这样逐渐冷却下来，直到航天时代的来临才重新引起人们的关注。

曾经有段时间，五台火星车都是美国的！

在20世纪50年代，随着美苏两国启动以及多国参与的航天竞赛，火星再次成为人们关注的焦点。人类已经掌握了火箭技术，使得飞向太空成为了可能；而关于火星存在生命的传说，也使得登陆火星成为了一个新的研究方向。

然而，当时的科学家们显然低估了登陆火星的难度。早在1953年，被称为美国航天之父的德国人冯·布劳恩就发表了一部科幻小说《火星项目——一个技术流故事》，在这部作品中，他为人类登陆火星绘制了详尽的蓝图，包括制造大型飞船、在火星极地着陆以及在火星赤道建立营地等内容。虽然布劳恩的技术细节受到称赞，但他的文学表现力却遭到了批评。一位读者在亚马逊上的评价总结了这种观点："作为科幻小说，这本书并不吸引人，语言晦涩且对话乏味。但作为技术指导书籍，它提供了20世纪40年代的丰富的火箭技术信息。"

如今回首，尽管布劳恩是杰出的火箭科学家，但他的火星飞行计划还是存在一些错误。例如，他设想中的火星交通工具是飞机，但火星的大气密度远低于地球，根本支撑不了地球上的飞机。在火星上飞行，火箭几乎是人类唯一的选择。

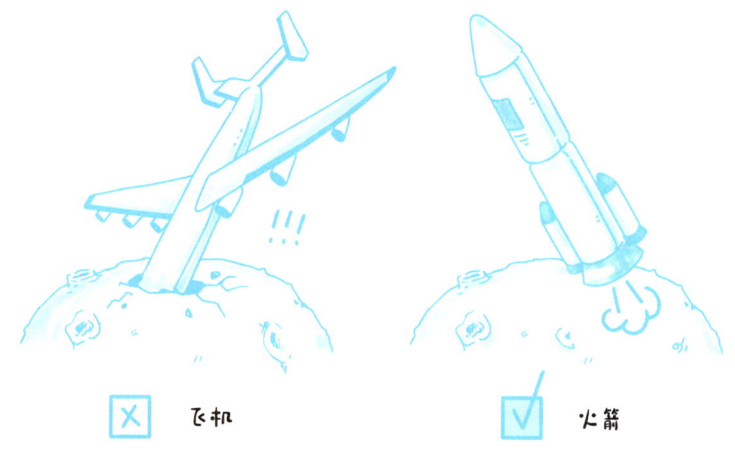

1957 年，随着第一颗人造卫星的成功发射，人类开始正视登陆火星的艰巨挑战，并将目光转向了首先向火星派遣探测器的可行方案。在这个领域，苏联又一次走在了前列。1960 年，苏联趁着第一颗人造卫星成功发射的势头，发射了人类历史上的第一颗火星探测器。但由于准备工作不足，该探测器未能脱离地球轨道，反而成为了地球的一颗人造卫星。在连续经历了 4 次失败后，1962 年重新发射的"火星 1 号"终于成功离开地球，但它没有能够进入火星的轨道，而是在距离火星表面 19 万千米的地方与火星失之交臂。虽然这一距离依然很大，接近地月距离的一半，但考虑到从地球到火星的距离变化范围在 5 千万千米到 4 亿千米之间，这个接近程度已经相当可观了。

这个机遇为美国打开了大门。作为后来者，美国加快了步伐，终于在 1965 年 11 月将"水手 4 号"成功送入宇宙空间。经过长达 7 个月的旅程后，"水手 4 号"飞掠过火星，传回了人类历史上第一批火星表面的照片。

此时的火星像是蒙着面纱的新娘，这几张朦胧的照片加深了人们对它的好奇和神秘感，进一步激起了探索的热情。随着人类逐渐实现将航天员送入太空并正在尝试送往月球的目标，火星自然而然地成为了下一个焦点。一方面，正在进行的载人登月计划让火星成为了一个潜在的长远目标；另一方面，人类对载人航天任务的困难有了深刻的认识，火星离地球最近的时候也是地月距离的 150 多倍，因此将人类送往火星的任务充满了未知和挑战。因此，在那个时期，尽管理论界对于火星探索的讨论极为热烈，但实际上并没有哪个资助者愿意为这项充满不确定性的载人火星任务承担风险。

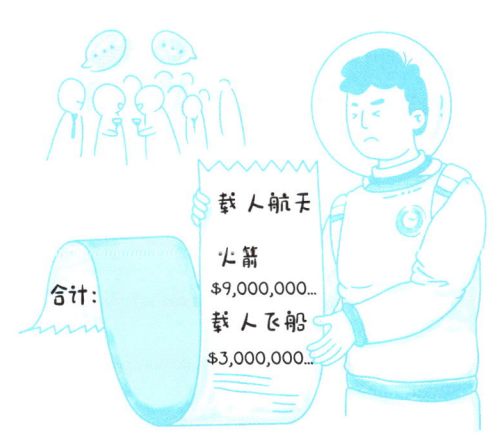

进入 20 世纪 70 年代，完成了载人登月壮举的美国回归现实，发现航天事业的巨额开支已使国家财

政不堪重负。同时，新的航天飞机项目和空间站建设等纷纷上马，每一个都是资金黑洞。经过激烈的讨论，美国国会决定暂停对载人火星探测项目的资助。1971 年，在美国国家航空航天局提出了最后一个载人火星探测计划后，这一梦想被迫暂时搁置。

美国的停滞就是苏联的机遇。1971 年 5 月，苏联在短短 9 天内连续发射了"火星 2 号"和"火星 3 号"探测器。其中，"火星 2 号"成功进入火星轨道并拍照，但在硬着陆时损坏；"火星 3 号"成功软着陆并在传送火星地表照片后失去联系。1973 年发射的另外 4 颗探测器的命运同样多舛："火星 4 号"未能进入火星轨道；"火星 5 号"虽成功进入轨道并发回一些数据，但很快通信中断；"火星 6 号"在进入火星大气层后失去控制；"火星 7 号"则重复了"火星 4 号"的错误轨迹，并且意外地成为了一颗人造小行星。

截至 1974 年，苏联共向火星发射了 15 颗探测器，尽管成果可以说十分有限，但它们为人类提供了珍贵的火星表面照片。

为什么选择 1974 年作为截止点呢？这是因为这一年苏联航天领域发生了一系列重要的人事调整，科罗廖

火星

金星

夫设计局的首席设计师以及苏联空间研究所的副所长都换了人选。新上任的领导者对火星的兴趣不大，他们更倾向于研究距离地球更近的金星。

因此，这两位新领导上台后，苏联的行星探测阵营内出现了两个对立的派别："金星派"和"火星派"，这两派之间的争夺被戏称为"星球大战"。最终，"金星派"取得了优势，苏联随后加快了向金星发射探测器的速度。

当苏联陷入"星球大战"的争议时，美国的火星探索者们并未停下脚步。为了响应国会对预算的担忧，美国科学家们提出了更为经济的探测器方案。1996年12月4日，沉寂多年的美国启动了"火星探路者"计划，发射了一枚火星探测器。经历8个月的星际旅行后，它在美国国庆日当天降落在火星

邦！

的战神谷。由于火星的大气层非常稀薄，这个探测器使用了降落伞，并且外部包裹着保护气囊以防止在着陆时受损。美国国家航空航天局随后在其官网上推出了一款小游戏，让用户模拟探测器在火星上的探索过程，游戏在着陆时播放的视频真实再现了那次

历史性的"邦"一声着陆场景。

这个火星探测器在着陆后分为两部分，其中的着陆器被命名为"卡尔·萨根"纪念站，以致敬这位著名的行星学家。2021年2月，美国的"毅力号"火星车成功登陆火星，加入"好奇号"的行列，共同探索这颗神秘的星球。

与纪念站相对应的火星车则被命名为"索杰纳·特鲁斯号"，以纪念美国民权运动的先驱。不过，"索杰纳·特鲁斯号"火星车仅有10.6千克重，并且只能在着陆器附近活动以保持信号联系。实际上，它的移动速度非常缓慢，每秒只能移动1厘米，几乎与蜗牛无异。

尽管如此，这对探测器组合仍然出色地超额完成了任务。火星车原本的设计寿命仅为1周，但它坚持工作了超过3个月，拍摄了550多张照片；而着陆器则拍摄了16 500多张照片，这些珍贵的照片跨越了上亿千米传回地球，为人类提供了宝贵的来自火星的一手资料。

在2003年，美国又发射了"勇气号"和"机遇号"这对火星探测器双胞胎，它们在次年抵达火星；2011年，美国又发射了"好奇号"，它也在第二年的7月抵达目的地。这3台火星车都是名副其实的"劳模"，它们的工作时间远远超过了预期。原定"勇气号"和"机遇号"的设计寿命仅为3个月，但它们分别服役了6年和15年；"好奇号"则从2012年开始一直在火星上工作，其工作时长同样远超原计划。

嗨，好奇！

　　截至"毅力号"火星车的成功着陆，人类已经成功将 8 台探测器送至火星表面，其中包括 5 辆能够自由行驶的火星车。这 8 台探测器中有 7 台来自美国，而 5 辆火星车全部是美国的。在火星探测领域，美国无疑处于领先地位。

"天问一号"：火星你好，中国人来了！

　　在火星表面成功降落之后，如果"毅力号"稍作抬头，便可能捕捉到一个同伴正沿着火星轨道翩翩起舞。的确，在 2021 年 2 月，经历大约 7 个月的星际旅行，中国的"天问一号"探测器顺利切入火星轨道，揭开了它的火星探索任务序幕。这个勇敢的旅行者绕行火星 3 个月后，其着陆器脱离了环绕器，借助降落伞和反推火箭的助力，轻轻降落在火星的怀抱之中。随后，"祝融号"火星车启动了它的引擎，带着满腔热忱踏出了中国人探测火星的历史性第一步，打破了美国在此领域的长期垄断地位。

"天问一号"作为火星探测的新秀，得益于先进的技术和装备而具备显著的后发优势。其环绕火星运行的环绕器配备了7台精密仪器，同时，在火星表面自由漫游的"祝融号"火星车装载了6台设备。这些仪器间的协同工作使得它们能够完成一系列复杂的任务，包括但不限于探测地形地貌、分析土壤成分和探矿、研究磁场和粒子、研究气象等。

探测地形地貌

环绕器和火星车都配备了相机，其中的广角镜头相机用于宏观观察，高分辨率相机则专注于细微之处。这些相机的组合使用，使得人类能够全面地了解火星的地貌特征及其动态变化。

分析土壤成分、探矿

搭载于环绕器和雷达上的火星次表层探测雷达，能够精确地分析火星表面的岩石和土壤成分，甚至能够识别出组成元素。此外，环绕器的火星矿物光谱分析仪和火星车上的火星表面成分探测仪共同工作，为我们提供了关于火星矿物组成和分布的重要数据，这对于未来火星资源开采具有重要的参考价值。

研究磁场和粒子

火星磁强计和火星表面磁场探测仪被安装在环绕器和火星车上，它们相辅相成，揭示了火星磁场的秘密，特别是在电离层中的表现和与太阳风磁场的交互影响。而在环绕器上，两台火星粒子分析仪分别针对低空和平流层的粒子特性进行研究，帮助人类深入了解火星大气逃逸、太阳风与火星大气的相互作用以及火星激波附近的中性粒子加速机制。这些研究成果对于认识火星的形成和演变具有至关重要的意义。

研究气象

在火星探测项目中，气象测量扮演着重要角色。火星车大都装备有先进的气象仪器，例如"祝融号""勇气号""机遇号""毅力号"和"好奇号"等美国火星车，它们都携带有各自的观测设备，用于监测火星的气象变化，包括气

温、气压、风速和风向等参数。

这些火星车的不懈努力极大地推进了人类对火星的了解。我们现在已经了解到,尽管火星上尚未发现生命迹象,但它拥有大气层、固态水,并可能存在地下液态水,具备一定的生命支持潜力。此外,火星的大气和环境条件也为未来的人类探索和潜在的定居提供了可能性。

当前,中美两国已经展现出将火星车成功送入火星轨道的能力。随着科技的持续发展,预计将来会有更多探测器被送往这颗邻近的行星,进一步揭示它的秘密。

然而,火星探测器的发射并不意味着人类已经征服了这颗星球。人类登陆火星的任务长期以来一直是个挑战,就像实现可控核聚变技术一样充满困难。几十年前,许多理论家都预测登陆火星还需要 20 年的时间,几十年过去了,新一批理论家还是预测需要 20 年。

尽管如此,人类登陆火星的计划正在变得更加具体和现实。中美两国均已宣布了未来的火星探测计划,其中包括将人类送往火星的任务。例如,埃隆·马斯克设定了一个野心勃勃的目标,到 2060 年要在火星上建立一个拥有超过一百万人口的定居点。

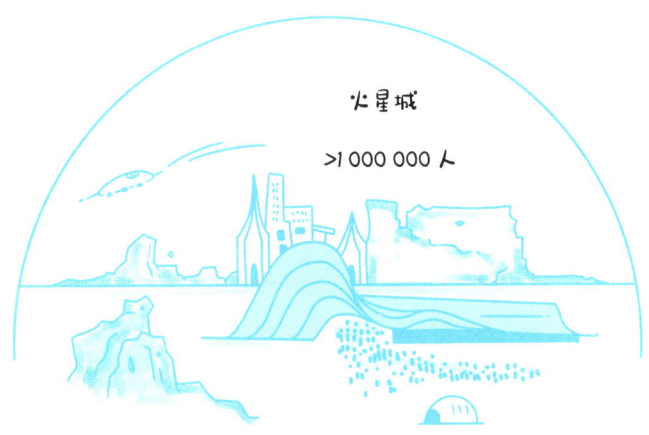

火星探测之路虽然漫长且充满艰辛，但随着技术的进步和国际合作的加深，前景无疑是光明的。

9

走遍太阳系

——人类对太阳系内其他行星的探测历史

金星：地球的姊妹星

人类的情感往往能在对天体的命名中得到体现。例如彗星，因其拖着长长的尾巴，古人将其比作扫除污垢的扫帚，因此给它取名为"彗"，民间甚至直接称之为"扫把星"。这个名字本身就带有一定的贬义，使得人们对其产生不好的联想，进而加深了对彗星的厌恶，以至于它最终与灾祸联系在一起，这无疑是心理作用。

与此相反的是金星。无论是在东方还是西方文化中，金星都得到了尊贵的待遇。因其贵重和美好的象征意义，金星在中国被赋予了"金"的名字。而在古西方文化中，金星代表着爱与美之神维纳斯，名称之中便蕴含着尊敬。由于公转轨道的关系，金星总是在日出时分出现在东方天空，被称为启明，或是黄昏时分在西方天空闪耀，被称为长庚。《诗经·小雅》中的诗句"东有启明，西有长庚"便是对这一现象的描述。

有趣的是，古人们曾因观测到金星在东西两端的出现而错误地认为它是两颗不同的星星，启明和长庚甚至被认为是永不相见的死对头。直到后来人们终于意识到启明和长庚其实是同一颗星，也就是我们现在所知的金星。这个认识过程甚至更晚才得出结论，原来金星、启明、长庚，乃至太白（即金星的另一个名字），指的都是同一颗天体，怪不得永远无法相见呢。

无论是在黎明还是黄昏，金星始终是夜空中最耀眼的星辰之一，也正是由于其耀眼的光芒，古代欧洲才用爱与美之神维纳斯为其命名，人类对其关注也就不足为奇了。天文学家的观测进一步揭示了金星的许多特性，如它与地球相近的轨道位置、体积和质量，因而被誉为地球的"姊妹星"。随着航天时代的到来，金星自然而然成为了探测的焦点。

对于探测器的命名，苏联采取了一种直截了当的方式。他们的月球探测器被命名为"月球1号""月球2号"，以此类推，火星探测器则被命名为"火星1号""火星2号"，等等。同样，金星探测器也被赋予了"金星1号"到"金星N号"的名字。苏联人相信一个好的开始是至关重要的，因此他们坚持只有成功的探测器

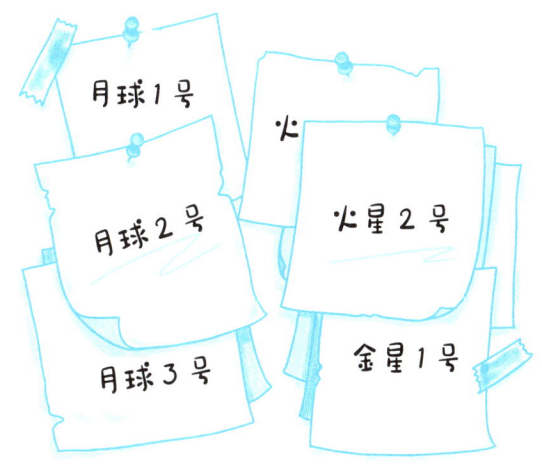

才会被正式命名。早在 1960 年，苏联探测金星就经历了两次发射失败；1961 年 2 月 4 日成功发射的一颗探测器，却因未能脱离地球轨道而被命名为"卫星 7 号"，并纳入新的序列。

"金星 1 号"探测器于 1961 年 2 月 12 日发射升空，但在短短10 天之后就失去了联系。据推测，该探测器可能在最近距离金星仅有 10 万千米的地方掠过，最终进入了绕太阳公转的轨道。尽管这对于人类而言意味着失去了一个探测金星的机会，但对于"金星1 号"探测器自身而言，却可以说是一次升级——从原本预定的绕金星旋转的卫星变成了现在绕太阳旋转的小行星，可以说是有失也有得。

在同年的 7 月和 8 月，美国也连续发射了两个名为"水手"的金星探测器。然而，"水手 1 号"在刚出发时就不走运，运载火箭还没离开地球大气层就遇到故障，不得不自我销毁。相比之下，"水手 2 号"的表现就好一些，它从距离金星 3.4 万千米的地方掠过，并成功拍摄了金星的红外图像并传送回地球。根据这些图像，天文学家们估计金星表面的大气层厚度达到了 60 千米，并且主要由二氧化碳组成，还由此推断出金星的温室效应导致其表面温度高达 500 摄氏度以上。

这个温度远远超出了水的沸点，甚至超过了高压锅内部的最高温度，这意味着金星上不可能存在人类已知的生命形态。尽管如此，人类并没有放弃探索。截至 1983 年，苏联共进行了 28 次金星探测任务，将"金星"系列命名到了 16 号；而美国的"水手"系列则持续到了 1974 年，编号到了 10 号，但只有几颗探测器真正抵达了金星，而且都是进行飞掠或硬着陆，苏联在这方面占据了主导地位。

不知是不是某种巧合，到了 1978 年，美国又发射了两颗新的金星探测器，并分别将它们命名为"先驱者金星 1 号"和"先驱者金星 2 号"，结果取得了成功。"先驱者金星 1 号"探测器在金星轨道上运行了 14 年之久，直到苏联解体将近一年后才耗尽燃料坠入金星大气层；而"先驱者金星 2 号"探测器则被安排在金星大气层内降落，在降落过程中收集数据，甚至连软着陆都没有设计。令人意外的是，"先驱者金星 2 号"探测器降落后依然有部分设备功能正常，并继续向地球传输了宝贵的数据。

经历了众多探测器的不断探索和牺牲后，人类终于对金星的环境有了基本的了解。金星的表面温度达到了惊人的 475 摄氏度，其大气压力在 9~10.5 兆帕之间，大约是地球的 90 倍。金星的大气中含有大量二氧化硫，所以这里如果下雨的话，水和二氧化硫结合能够形成硫酸雨。不过，由于金星的地表温度实在过高，这些硫酸雨通常在到达地面之前就已

经在高空被蒸发掉了。另外，金星大气中的电闪雷鸣现象十分频繁，根据"金星 12 号"探测器的观测，在从 11 千米下降到 5 千米的过程中记录到了 1000 次闪电，其中最长的一次持续了 15 分钟。同时，金星表面仍然存在着火山活动，其熔岩痕迹清晰可见。

对于地球上的生命来说，金星的这种环境无疑是非常恶劣的，甚至对于探测器来说也是如此。因此，为了应对金星的高压、高温环境以及酸性腐蚀，金星探测器的制造需要额外的成本。这也解释了为什么自 20 世纪 90 年代以后，对金星的研究热潮开始逐渐减退。随着一系列老旧探测器的退役，目前唯一仍在金星轨道上运行并定期发送数据回地球的探测器是由日本研发的"破晓号"卫星。

然而，随着科学家们对金星的了解不断深入，人们开始推测这颗星球也许曾经拥有过适合生命存在的条件。面对地球上日益严峻的气候变化，人类对金星上极端的温室效应产生了强烈的探究欲望，想要弄清楚金星的历史演变过程。2021 年 6 月，美国国家航空航天局宣布将在其最新的"发现"项目下资助两项针对金星的研究任务，分别名为"达芬奇 +"和"真相"的探测器预计将在 2028—2030 年被送往金星；与此同时，欧洲航天局也计划启动"远景"任务前往金星。人类能否解开金星的秘密、避免地球重蹈覆辙，在很大程度上就看这些即将到来的探索任务了。

水星：门前冷落车马稀

相比金星和火星，水星——这个距离太阳最近的行星就没有那么引人注目了。与金星一样，水星仅在清晨和黄昏时分出现，导致古代文明对其知之甚少，和金星一样有晨星与昏星两个名称。直到公元前 350 年，古希腊人才意识到晨星和昏星实际上是同一颗行星的不同面貌。即使到了今天，水星这个地球的近邻还是没有像火星或金星那样受到重视。

在太阳系八大行星中，水星最靠近太阳，这一位置使得对其进行探测颇具挑战性。探测器在接近水星时会受到强烈的太阳引力影响，这就需要大量的燃料来减速以进入水星轨道。因此，向水星发射一次探测器所需的能量大约是前往火星的 8 倍，这在很大程度上限制了对水星的科学探索。直到 1974 年，美国的"水手 10 号"探测器在完成了对金星的飞掠任务后，才继续前往水星，并在失联前成功飞掠水星 3 次，拍摄了 4500 多张照片。相较于金星探测器的 10 多次造访，水星在这期间只接待了这一个访客，还是顺带拐上门的。

又过了30年，到2004年，人类才发射了第二颗专门用于探测水星的探测器——"信使号"，它从美国佛罗里达州的卡纳维拉尔角发射升空。经过漫长的等待，2008年1月，"信使号"才首次成功飞掠水星，并于2011年进入水星轨道进行了4年的科学研究，直到2015年因燃料耗尽而坠入水星表面。

结合"信使号"多年的研究成果和之前"水手10号"的数据，科学家们发现水星拥有一个稀薄的大气层，其中含有氦、钠、氢、氧等，同时其地表上有着丰富的挥发性物质，这样的特征在其他类地行星上并不常见。因此，有科学家推测水星在遥远的过去可能遭受过一次巨大的撞击，导致其表面岩石层被剥离。

稀薄的水星大气阻挡陨石的效果有限，于是水星表面如同月球一般坑坑洼洼。在刘慈欣的科幻小说《三体》中，面壁者雷迪亚兹计划利用水星作为抵抗三体人入侵的武器，通过在其地表挖掘深洞并引爆核弹，将水星的岩石抛射到太空中，以此制造出一个能够干扰太阳系动力平衡的事件，最终导致水星坠入太阳。同样作为类地行星，水星的命运可比地球、火星、金星都惨。

为了纪念这颗特殊的星球，在2014年"信使号"升空十周年之际，其教育和科普团队与国际天文联合会合作发起了为水星环形山命名的活动。他们用已故艺术家、作曲家、作家的名字来命名，并在"信使号"坠毁前选出了第一批命名的人。随着时间的推移，越来越多的中文名字加入了这个行列，包括李白、杜甫、鲁迅、李清照等中国文化名人。

2018年10月，欧洲和日本合作的"贝皮·科伦坡号"探测器成功发射，计划于 2025 年初抵达水星轨道，执行为期两年多的科学任务。这个探测器的命名是为了纪念提出飞掠金星和水星探测构想的意大利教授朱塞佩·科伦坡，他的昵称就叫贝皮·科伦坡。

科隆博教授虽然已经去世近 40 年，但我们相信他的智慧和愿景将继续指引新一代探测器的旅程，期待这次探索能够取得圆满成功。

木星、土星、天王星、海王星：一趟走起！

在太阳系的疆域中，超出了火星的领域，便进入了巨大气态行星们的领地。太阳系"四巨头"木星、土星、天王星和海王星的直径分别是我们居住的地球的好几倍乃至十几倍，它们的外表层覆盖着浓厚的气体，体积庞大而密度较低。以木星为例，其直径相当于地球的 11 倍，甚至能够容纳多达 1331 个地球。

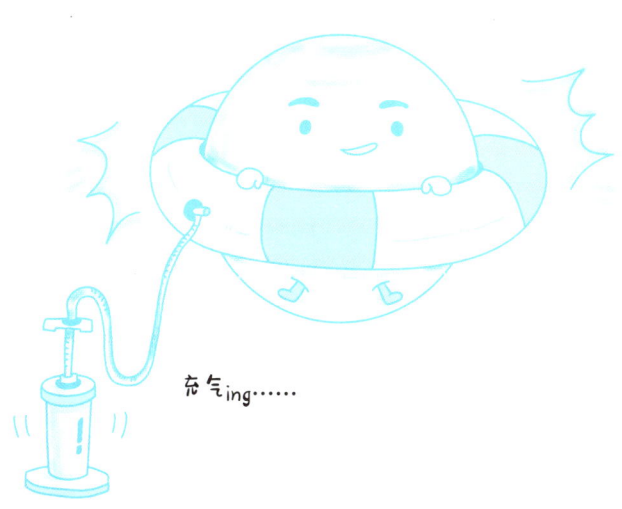

充气ing……

相较于像火星这样的岩石行星，气态巨行星显然存在一些探索上的障碍。首先，由于它们完全由气体构成，至少人类目前的探测器无法直接登陆。其次，这些巨行星距离地球异常遥远，即便是最近的木星也与地球相隔约 6.3 亿千米，这一距离是地月距离的 1600 多倍。火星与地球之间的平均距离大约是 5600 万千米，例如，"天问一号"探测器飞行了 7 个多月才抵达火星。如果航程增加到原来的 10 倍，那么所面临的挑战和耗费的资源也将呈指数级增长，成为一项需要深思熟虑的重大决策。

因此，向单一的气态巨行星发送探测器的任务极为罕见。更为常见的情况是，在向太阳系外围发射探测器的任务中，科学家们会设计路径让探测器一次性造访几个气态巨行星，这样既能充分利用行星间的相对位置关系，又能通过引力弹弓效应来节省燃料。探测器还可以在飞掠某颗行星时获得加速，从而高效地完成对多颗行星的探测任务。

首个勇敢采取这一策略的探测器是"先驱者 10 号"，它由美国国家航空航天局于 1972 年发射，并在 1973 年近距离飞掠木星时进行了观测。在那次飞掠中，"先驱者 10 号"与木星的距离最近时仅为 13 万千米，大约是地月距离的三分之一。这次飞掠不仅拍摄了一系列珍贵的木星影像，还使"先驱者 10 号"成了人类历史上首个穿越小行星带的探测器。

一年之后，"先驱者 11 号"紧随其后，开始了它的太空探险之旅。得益于"先驱者 10 号"的成功经验和科技的飞跃发展，"11 号"在飞掠木星时借助其强大的引力获得了加速，并转向了下一个目标——土星。这对"先驱者 10 号"而言，本身无疑是一趟充满了风险的旅程，因为它的使命包括穿越土星的环状结构，以实地检验那些环中飘浮的大小冰块是否会对其造成损害。这项测试对于后续计划抵达土星的"旅行者 1 号"和"旅行者 2 号"来说至关重要，若"先驱者 11 号"不幸受损，那么两位旅行者的航线就得重新规划。可以说，"先驱者 11 号"是在冒险为后来者铺路，幸运的是，它成功无损地穿越了土星环。

在"先驱者 10 号"和"先驱者 11 号"的先锋作用下，"旅行者 1 号"和"旅行者 2 号"探测器于 1977 年 8 月和 9 月顺利发射升空。值得一提的是，"旅行者 2 号"比"旅行者 1 号"提前发射，因为它的速度略微慢一些，干脆笨鸟先飞了。

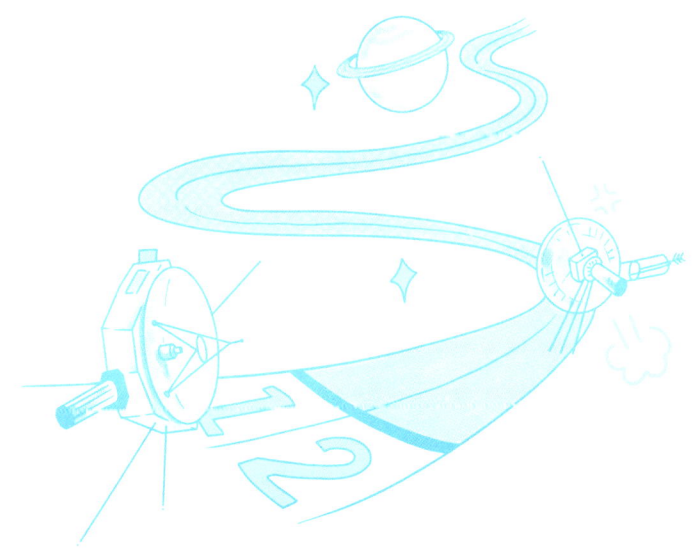

  "旅行者 2 号"探测器的旅程几乎涵盖了太阳系的边缘，尤其是在探测木星和土星之后，它还继续前进，掠过了更为遥远的天王星和海王星。这次史诗般的旅行为人类带来了丰富的科学数据。在天王星，"旅行者 2 号"发现了众多新的卫星，编号一直延续到了 15 号。在海王星，它近距离观察到了类似木星大红斑的"大黑斑"。

  天王星与太阳的距离是地球与太阳的 19 倍，而海王星更是远达 30 倍。在这个距离上，太阳的温暖几乎消失殆尽，所以它们是冰冷的世界。天王星的表面温度低至零下 200 多摄氏度，因其自转轴与其公转平面垂直，使得它看起来像是一个巨大的冰气球滚动着。天王星的卫星同样奇异，如天卫五的表面积仅约 70 万平方千米，不及中国青海省大，但它复杂的地形包括了火星式的山谷、水星上的压力断裂和木卫三的峡谷，遍布沟壑，被天文学家比作"虫蛀的旧衣服"。其直径仅 500 千米，而最深的峡谷达到 20 千米，相当于地球上最深的马里亚纳海沟的近两倍。

  另一个例子是天卫十六，它围绕天王星的运行方向与其他卫星相反，同时也与天王星自身的自转方向相悖。此外，海卫一也是一个有趣的例子，其赤道附近的平面上布满了坑洞，被形象地称为"哈密瓜皮平原"。

哈密瓜？！

　　继"旅行者"系列之后，1990 年，美国国家航空航天局发射了"尤利西斯号"探测器。它的目标不再是简单的行星探测，而是包括利用木星的重力来改变轨道，从而能够飞越太阳的两极地区。这是一个历史性的飞跃，因为在此之前，所有对太阳的观测都局限于黄道面，即太阳系 8 大行星的共面。"尤利西斯号"的成功使得人类首次得以从全新的角度观察太阳。

　　1989 年和 1997 年，美国与欧洲分别合作推出了"伽利略号"和"卡西尼－惠更斯号"探测器。"伽利略号"专注于研究木星及其 4 颗卫星，以纪念这位伟大的科学家。而"卡西尼－惠更斯号"则前往探索土星，其主探测器以法国籍意大利科学家卡西尼命名，以纪念他对土星环缝隙和土星卫星的发现；搭载的土卫六探测器则以荷兰科学家惠更斯命名，以纪念他对土卫六的发现。

　　"伽利略号"在长达 8 年的环绕观测中，为我们揭示了木星的秘密。与此同时，"卡西尼 – 惠更斯号"在长达 20 年的征途中，不断地向我们传送关于土星及其卫星的宝贵信息。最终，由于燃料耗尽，这两艘探测器都选择了撞击它们的观测目标，以这种方式永久地加入它们所研究的对象之中。

　　伽利略、卡西尼和惠更斯是天文历史上的光辉人物，现在这些伟大的名字也成为了太阳系中永恒的一部分。他们的贡献如同星辰一般，在夜空中为人类指引着前进的方向。

　　先驱者的旅途永不会孤单。2022 年 4 月，美国国家航空航天局公布了未来 10 年的探索蓝图，其中明确将天王星列为重要的探测目标。与此同时，一些研究报告指出，中国也已经具备了探测海王星的能力，预示着这片遥远的星空将成为深空探测的新前沿。

人类对于太阳系的探索脚步从未停歇。"新视野号"探测器自2015 年成功飞掠冥王星以来，不仅为我们带回了那颗矮行星著名的"比心"照片，还于 2019 年成功观测并拍摄了位于柯伊伯带的小行星"天涯海角"。这颗小行星是由中国科学家于 1997 年发现的，至今仍保持着太阳系内距离地球最远的岩质天体的纪录。

面对无垠宇宙，"新视野号"的征途似乎没有终点。在探访冥王星和"天涯海角"之后，它将继续向着太阳系的边际乃至更远的星际空间进发，不断拓展人类探索的边界。

在此之前，"先驱者 10 号""先驱者 11 号"以及"旅行者 1 号""旅行者 2 号"探测器均已完成了各自的行星探测使命，之后它们继续穿越星际，携带着人类的信息前往未知的远方。"先驱者 10 号"正朝着距离我们 68 光年的毕宿五

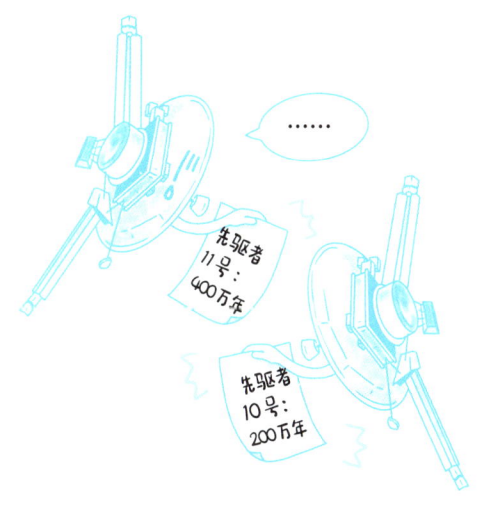

恒星挺进，预计需要至少 200 万年才能抵达；而"先驱者 11 号"则朝向天鹰座 λ 星航行，到达目的地估计得等待 400 万年之久。

考虑到这些探测器可能会被外星智慧生物捕获，每个探测器都携带了人类的友好信息。"先驱者 10 号"和"先驱者 11 号"分别

搭载了镀金铝板,上面刻有人类设计的一男一女画像、代表太阳系的符号,以及地球在太阳系中的位置信息。

"旅行者 1 号"和"旅行者 2 号"探测器各自携带了一张镀金铜唱片,封面同样印有象征性的图案。唱片内含用 55 种语言录制的地球人的问候语;一段 12 分钟的大自然声音,如动物叫声、天气现象和海浪声;还有来自不同文化的音乐合集,总时长达到 90 分钟;最后是经过精心挑选的 115 幅图像,包括人类生殖器官的手绘图、DNA 双螺旋结构图,以及日常生活场景和著名地标建筑的照片。

这些探测器如同 5 个装满人类文明讯息的漂流瓶,被发射到广袤无垠的宇宙之中。至于哪些外星文明将会捕获它们,以及如何与我们进行交流,这一切都充满了未知。甚至等到它们被发现的那一天,人类文明是否还存在于这个星球上,还是个未知数呢。

10

飞出太阳系

——目前可望，何时可及？

以光速飞出太阳系，究竟需要多久？

五艘探测器已在广袤的太空中航行，执行着真正的星际探索任务。提及"星际航行"，许多人会联想到《星球大战》或《星际迷航》中从一个星系瞬间跳跃到另一个星系的情景，但现实情况并没有那么简单。

那么，在现实世界中，要飞到另一个星系需要多长时间呢？为了回答这个问题，让我们做一个思想实验吧。

想象一下，你拥有超能力，可以在温度高达 1500 万摄氏度的太阳核心中生存而不会被汽化。假设你从太阳中心发出一束能量极高且几乎不会减弱的光，并像女巫骑扫帚一样骑着这束光冲向远方。这束光仅需两秒钟即可带你穿越太阳表面，投入无垠宇宙的怀抱。

走——

大约 8 分 20 秒后，你会抵达地球的轨道，目睹我们蓝色家园的风采。

在天文学上，从太阳到地球的平均距离被定义为一个天文单位（AU），我们可以称其为 1 AU。在 2012 年，国际天文学联合会将 1 AU 的精确值定为 $1.495\,978\,70 \times 10^{11}$ 米，约等于 1.5 亿千米。

继续前行 5600 万千米，你将抵达火星轨道，运气好的话，你可以在此处邂逅那颗红色星球。此刻与地球之间的通信开始感受到明显的时延，发送一条信息到地球需要 13 秒的旅程，而地球的回复也同样需要额外的 13 秒。

再飞行大约 30 分钟，你将抵达威严的木星轨道。如果足够靠近，你可以目睹木星表面上著名的巨大红斑，它足有 25 000 千米长、12 000 千米宽，足以容纳两个地球还绰绰有余。

紧接着，经过大约 71 分钟的航行，你会到达土星轨道，此时可以欣赏到土星环的精致结构，土星环由多个彩色的环组成，构成了宇宙中最美丽的景象之一。

从土星轨道出发，御光而行 80 分钟，就到达了冰巨行星的领地。如果时机刚好，你会看到一个巨大的青白色行星，很有松弛感地"躺倒"在轨道面上向你飞来，这就是天王星。与木星和土星两个气态巨人不同，冰巨行星气态的表面下主要呈现"冰冻"的状态，包含固态的水、甲烷、氨气等。一般的行星自转轴基本上都和公转轨道面垂直，如地球的自转轴就和绕太阳公转的轨道面垂直方向夹 23.5 度角，但天王星的自转轴几乎是贴在公转轨道面上的，对此科学家们百思不得其解。

而曾经更令科学家们不解的，是天王星的理论计算轨道总与实际观测结果对不上，总是有一个难以用观测误差解释的偏差。在19世纪，天文学家经过计算，大胆预测在天王星轨道外还有一颗未知的行星，对天王星的运行产生干扰。于是我们从天王星轨道出发，跟着光线再飞行一个半小时，就抵达了这颗神秘冰巨行星——海王星的轨道。与海王星本身同样神秘的是它身上的"大暗斑"：1989年，"旅行者2号"探测器曾经在海王星南半球表面拍摄到一个长13 000千米，宽6000千米的椭圆形暗斑；但在1994年哈勃望远镜的观测中，这个大暗斑神秘消失了，反而在海王星北半球出现了一个新的大暗斑。

与光一起从太阳出发6小时后，你会抵达冥王星，这个曾经的第九大行星。新视野号探测器花费了9年6个月的时间才有机会造访这里。在这个距离上，不妨暂停片刻，选取一个绝佳角度为冥王星拍摄一张具有代表性的照片，特别是著名的"心形"印记。

冥王星是你在离开太阳系前的最后一站，此时你与太阳之间的距离已经达到了39.5个天文单位（AU）。在完成了这次光速旅行之后，你将会对星际间的辽阔有了全新的认识。

至此，你已经穿越了太阳系内八大行星及著名矮行星冥王星的轨道，但这仅仅只是太阳系广阔疆域的一个很小很小的部分。实际上，你所飞行的距离尚不足太阳系半径的千分之一。

在与冥王星的"心形"合照之后，继续向太阳系的边界进发，你将穿过柯伊伯带——这片位于海王星轨道以外，距离太阳约 30 至 55 个天文单位的区域。虽然柯伊伯带内漂浮着许多小行星，但只有在接近冥王星的位置，这些小天体的存在才变得较为明显。在冥王星以后的广阔空间里，能用肉眼看见这些小行星的概率微乎其微，几乎比购买彩票中大奖还要低。

穿越柯伊伯带后，你可以放松下来，因为在接下来的一段漫长旅途中，将是一片几乎空无一物的虚空。经过五万个 AU 的距离后，你会抵达一个较为稀薄的物质区域，足够幸运的话你可能会看到那里会有几个微小的天体正在形成。这个地方叫作奥尔特云，以其发现者——荷兰天文学家简·亨德里克·奥尔特的名字命名。

奥尔特通过观察一些周期长达两百年才被观测到一次的彗星，推断出它们可能来自太阳系的最遥远边缘。他于 1950 年提出了"彗星云团"假说，认为在太阳系的边界应该存在一个球形的云团，彗星由此诞生。这一假说被广泛接受，并且这个云团因此被称为"奥尔特云"，它被认为是大自然制造和储存彗星的"仓库"。

奥尔特云被视为太阳系的最外层结构，它是一个不规则的大球体，其内半径大约为 5 万个 AU，外半径约为 10 万个 AU，最远处距离太阳可达 60 多万个 AU。尽管名为"云"，但它与我们在地球上所看到的云朵有着本质的区别。地面上的云彩洁白如棉花糖，奥尔特云则极其稀薄，与我们在飞机上穿过的云层完全不同。相较于地球上的水汽云，奥尔特云要稀疏得多。

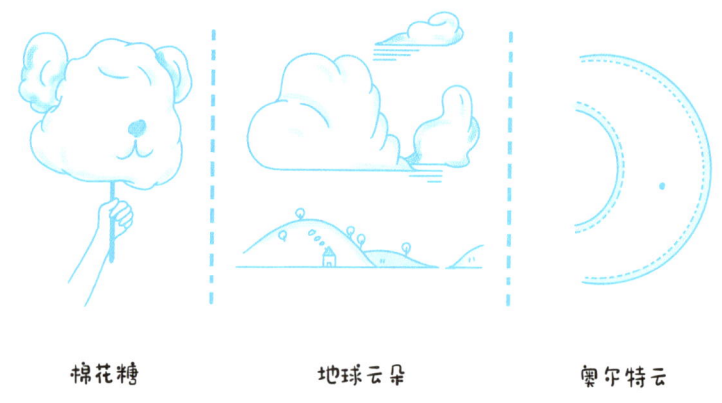

棉花糖　　　　　　地球云朵　　　　　　奥尔特云

　　尽管至今尚未获得直接的观测证据，天文学家根据理论推测，奥尔特云主要由与海王星外天体相似的成分构成，包括水、氨和甲烷等物质的固体冰冻形态。受太阳系引力的影响，奥尔特云的密度呈现出不均匀性，且随着距离的增加而逐渐变稀薄。即便有数百万颗彗星核散落在这个广阔的区域内，由于它们的分布过于稀疏，实际上很难被察觉。在 20 世纪 80 年代，科学家估计奥尔特云的总质量大约相当于 1.9 个地球的质量，虽然后续的研究给出了不同的估算结果，但科学家的共识是其总质量并不算庞大。然而，其体积却达到了地球体积的百万亿倍，可以想象这朵"云"有多稀薄。因此，若有人真的身处奥尔特云之中，他们几乎不可能感知到这个云团的存在。

1977 年，美国国家航空航天局成功发射了"旅行者 1 号"探测器，至今已飞行超过 40 年，距离地球约 233 亿千米。作为迄今为止飞得最远的人造航天器，"旅行者 1 号"却依然需要大约 3 万年的时间才能穿越奥尔特云。即使是在我们的假想场景中，假设你从太阳中心以光速出发，抵达奥尔特云边界也需要至少 11 天时间；而要穿越整个奥尔特云抵达其外部边缘，则需额外花费约一年半的时间。

光在一年内能够行走的距离被称作一光年，这样的尺度在太阳系内堪称极限，但在整个宇宙的范围内却仅是一个极小的片段。

宇宙那么大，我们能走到尽头吗？

穿越奥尔特云，步入星际空间，你会亲身体验到真正的"广袤无垠"。尽管宇宙并非绝对真空，其中散布着气体和尘埃构成的星际物质，但与地球相比，这种气体和尘埃密度都显得极其微小。平均来说，每立方厘米的星际气体中仅有 1 个粒子。至于星际尘埃，其密度更是稀薄，平均每万亿立方米才有可怜的 1 个尘埃粒子。相比之下，在地球上，即便是能够获得的最为空旷的真空环境，每立方厘米仍有数十上百个粒子；而位于地表上方 1000 千米高度的空间虽处于"极高真空"状态，但平均每立方厘米仍然有数十万个粒子呢！

这还只是考虑到存在星际气体的尘埃的情况。在那些尘埃缺失的区域，寻找单个原子可能需要搜寻巨大的空间，两个原子偶然相遇的概率比找对象还要低得多，许多原子似乎注定了孤独的宿命。

然而，正是这些孤零零的原子在电磁力和万有引力的牵线下，开始相互吸引并结合，逐渐聚集形成了最早的星体核心，简称"星核"。尽管"星核"这个词听起来很高级，其实它最初的组成不过是些简单的尘埃。随着时间的推移，这些尘埃团块不断增大，中心部分的原子所承受的压力也随之增加，最终达到一个临界点，使得几个原子核不得不结合为一个新的实体。在这个过程中，由于质量的损失产生了强烈的光和热辐射。

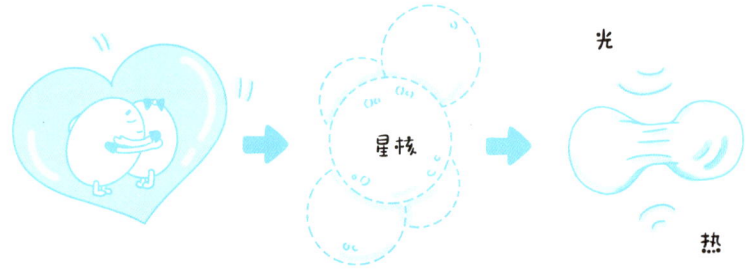

这个过程被称为核聚变，早在1905年由爱因斯坦在一篇论文中阐述，并以简洁优美的公式 $E=mc^2$ 而闻名遐迩。这个公式为原本平淡无奇的尘埃团转化成璀璨夺目的恒星提供了理论基础，使得它们得以发出耀眼的光芒，装点着浩瀚的宇宙。

在我们的可观测宇宙中，存在着数以万亿计的星系，每个星系内部都有上千亿颗恒星，它们共同遵循着核聚变的法则，给这个曾经沉静无声的宇宙带来生机和光明。

原子之间的相互吸引导致了恒星的诞生，并在其内部引发了持续的核聚变反应。一旦形成，恒星会经历一个正反馈循环，不断地聚集更多的物质，增长自己的质量和尺寸。因此，在恒星的世界里，"巨大"并不是什么罕见的现象，一颗颗恒星竞相以庞大的身躯著称。

在人类的尺度上，我们对于"大"的理解十分有限。以人类为例，常见的身高范围在一米到两米之间，而我们的平均密度大致与水相近。即便是一个体重达到 100 千克的大胖子，其体积也大约只有 0.1 立方米，相当于一个半径约为 0.29 米的球体。如果把全球的 80 亿人口都挤压成一个巨大的球体，那么这个球体的半径最多也就 124 千米，大概相当于北京到天津的距离。

地球的平均半径是 6371 千米，相比于前面提到的人类肉球，它的半径是其 51 倍，而体积则是惊人地差距 13 万倍之大。

太阳的平均半径则是 696 300 千米，足足是地球的 100 多倍。太阳的体积如此庞大，以至于可以容纳超过 100 万个地球。

在距离太阳大约 8.6 光年的地方，有一颗名为天狼星的恒星，它以其蓝白色的光芒成为夜空中最亮的星星。天狼星的半径比太阳大 1.71 倍，体积则大约是太阳的 5 倍。

天狼星　　　　　　　太阳　　　　　　　地球

位于盾牌座的 UY 恒星，距离我们约 9500 光年，它被认为是目前已知最大的恒星。盾牌座 UY 的半径超过太阳的 1700 倍，其体积达到了太阳的近 50 亿倍。

恒星以其巨大的体积著称，黑洞则因其质量的巨大而引人注目。黑洞中的物质密集程度极高，其引力场强大到连光线都无法逃逸。假如地球变成了一个黑洞，其半径将仅有几毫米。在距离我们约 104 亿光年的猎犬座，有一颗名为 TON618 的黑洞，其直径为 300 亿千米，质量则相当于太阳的 660 亿倍。

在浩瀚的宇宙中，太阳这颗温暖着地球的恒星，在众多璀璨夺目的巨星和类星体面前，显得平凡而不起眼。它所释放的核聚变能量中，仅有不到二十亿分之一的能量被赐给了地球，然而这点能量却足以维系适宜的气候，保持液态水的存在，进而为生命的诞生提供了可能。

在长达 38 亿年的时光里，生命逐渐在地球上繁衍开来，经历了无数考验，将这个星球变成了一个生机勃勃的家园。在最近的几百万年里，地球上的生物演化出了智慧，开始制造工具并改变自己的生活环境。及至最近的一个世纪，人类更是开发出了先进的技术，终于能够离开地球，踏上探索未知宇宙的征途。

分开一步，相隔千年

当我们仰望星空时，更能意识到自己在时间与空间中的渺小。在人类追求星辰大海的道路上，每一小步的进步都代表着巨大的跨越。

1976 年，人类发射了当时最快的"太阳神 2 号"探测器，每秒能够飞行约 70 千米。然而即便如此，想要飞出太阳系的边缘——奥尔特云——也需要接近 5000 年的时光；而要抵达最近的恒星，距离我们 4 光年的比邻星，则需要漫长的两万年。对于载人航天器来说，这样的旅程更是缓慢得令人难以忍受，几乎不可能在人类的一生中完成星际旅行的梦想。

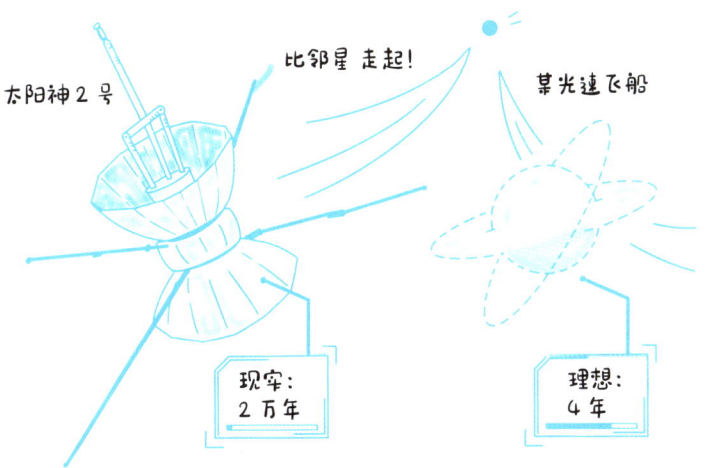

要实现在一代人之内访问其他恒星的梦想，人类必须将速度提升到接近光速的速度，这几乎是不可能的任务。然而，一旦掌握这项技术，以人类掌握的相对论理论推测，整个宇宙将会呈现出新的面貌。

相对论的概念由爱因斯坦在 1905 年提出，他通过一个思想实验来阐述这一理论。设想自己和另一个观察者都骑乘在一束光上穿越宇宙，即使速度相同，对于彼此而言，运动的状态仍然是相对的。如果将光换成自行车，那么两个以相同速度同向行驶的人相对而言应该是静止的。但是在爱因斯坦的理论中，光速是恒定的，因此一个以光速移动的人看另一个以光速移动的人，后者仍然会以光速前进。

基于这种相对性原理，爱因斯坦推理出运动的物体时间会变慢的结论，并给出了著名的时间膨胀公式：

$$\Delta t = \frac{\Delta t_0}{\sqrt{1 - v^2/c^2}}$$

时间膨胀公式的推导，需要大量的数学和物理学知识。不过，我们可以探讨一下这个公式所揭示的现象。

根据这个公式，当我们的运动速度远低于光速时，时间的流逝几乎不会受到影响。而如果某人以光速的一半移动，他们的时间会相对于静止的观察者慢下来，相当于原来时间的 80% 左右。换句话说，如果这个人以光速的一半移动，那么在其自身时间里每过100 个小时，对于我们静止的观察者而言，只感受到 80 个小时真正流逝。

如果能以接近光速的速度飞行，那么时间将会显著减缓。在这种极限速度下，例如，一万年的地球时间可能就像过了几天一样短暂。即使是长达一亿年的时间，在接近光速旅行者的眼中也可能压缩到只有几十年。

尽管如此，这并不影响光速飞船在空间距离上自身感受到的旅行时间。例如，HIP54751 星位于地球一万两千光年之外，即使有一艘飞船以光速行驶，从地球前往 HIP54751 星也需要一万多年的时间。在地球上，人类社会在这期间可能会经历几百代的变迁，而探索者所在的星际飞船上却只过去了几十年。

物理学理论认为，有质量的物体无法达到光速，因此我们将"无限接近光速"作为极限来模拟光速旅行。这种技术的发展可能会重塑人类的道德和秩序观念。由于相对光速旅行的高速性质，家乡和家庭将变得难以回去，人们将更加珍视现在，因为未来变得更加不确定。感情可能只能在短时间内存在，因为你的爱人可能在第二天早晨乘坐光速飞船离开，导致你们的时间不再同步，迈出一步就相隔千年。

在宇宙尺度上，空间和时间是相互关联的。由于光速是一个无法超越的速度极限，前往一万光年外的旅行需要至少一万年，这意味着一旦离开地球，就无法在有限的时间内返回。即使地球上的人通过高科技向你发送消息，由于速度限制，你将在一万年后接收到这些信息，而这一万年中会发生什么是无法预测的。

此外，时间膨胀效应也会给光速旅行带来新的挑战。成语"沧海桑田"描述的是长时间跨度下的地貌变化，而在光速旅行中，这种变化可能会变得更加显著。掌握这项技术的人类将能够穿越数十万年乃至数十亿年的时光，目睹星云的聚合与恒星的诞生。

假设人类真的能够实现光速旅行，人类在宇宙中的分布将变得广泛。人们有可能在各个星系定居并繁衍，但由于光速的不可逾越性，不同星系之间的人类文明将很难进行交流，最终可能导致彼此间在生物学上的分离，甚至走上不同的进化方向以适应不同的环境。然而，对母星的记忆和文明的传承可能会成为所有人类共同的历史和身份的象征。

　　或许会有一天，在宇宙的各个角落散落着多样化的人类文明。距离的辽阔使得他们无法知晓彼此的存在；因为各自环境的差异，他们的沟通方式也变得迥异，有的以言语交流，有的运用手势，更有的通过思维信号进行对话。尽管如此，每一种文明都可以通过教育将知识传承下去，记录在各式历史文献中，讲述着一个关于起始的故事——一个围绕着一颗普通大小的恒星旋转的蓝色星球，那里孕育了他们的共同起源。

　　故土或许已经变得模糊遥远，但每个人类后代心中都有一片属于自己的家园。

后记

曾与一位宇宙学家聊天。他说，我们前后几百年里的这十几代人，在天文史、航天史上或许是最痛苦的一批人。在我们出生几百年之前，人类对宇宙运行的原理缺乏了解，可以心无挂念专注欣赏浩瀚星空的美丽，有所谓"看山是山、看水是水"的纯真；在我们离开几百年之后，人类或许已经掌握了星际旅行技术，以光年论距离的恒星不再遥不可及，也就不再高度神秘，进入了"看山还是山，看水还是水"的超然境界。

只有我们这十几代人，通过多年积累的观测探测成果，好不容易摸到了宇宙之谜的边缘，技术却又比较有限，无法在有生之年到达那充满诱惑的远方。求而不得最为痛苦，说的大概就是"看山不是山、看水不是水"的我们。

但从技术角度看，我们又是承上启下的那十几代人。在过去一百年中，我们见证了人类成功摆脱地球重力，拖着长长的尾焰飞向太空；随着技术进步，我们造访了最近的小邻居月球，航天员的太空居留时间也越来越久；在刚刚开启的这个百年，人类已经拉开了派人访问火星的大幕，获得太空绿卡、在外太空长久生活的梦想也正在实现中。

虽有求知过程中必然经历的痛苦，但也有难题一个个被攻克的喜悦，这波不亏！

就这样，痛并快乐着的我们做着继往开来的事业。几百年后的人类书写航天史时，应有一笔提到今天的我们。一千年后，哪怕人类已经有能力环游银河系，他们的历史课本上还是会写最早的火箭是什么时候造的、第一位脱离地球引力的航天员是谁，以及人类是如何建设初期空间站的，我们这个时代的光辉将永远闪耀在史册中。

对几百年后的历史学家，在此先行谢过。对我们之前的航天先驱们，我们耗费一年多时间，在整个团队的紧密配合下写出这部航天简史，期待以作纪念。

如书名所示，我们写的是一部简史而非正史，对浩如烟海的航天领域发生的故事不可能面面俱到。我们所做的，只是从航天史这个浩瀚的海洋中捡拾一些沙滩上的美丽贝壳，按先后顺序在几个细分领域串成一串串花环，期待以小见大，反映出整个海洋的美丽。如果获赠这个花环的人能从中感受到太空的召唤，那我们的努力就物有所值；如果有人受花环的吸引而定下探索太空的志向，那我们作为引路人将无比自豪。

为捡拾这些"贝壳"，插画师、编辑、科学顾问都和我进行了紧密的配合，我何德何能受这些帮助，在此对各位表示诚挚的感谢。

回到开头，那位与我长谈的宇宙学家工作生活都在美国佛罗里达，那里地处热带亚热带，四季如春、空气质量优良，有着美国传统的火箭发射场。老兄不忘故土，每次回国都要挤点并不宽裕的时间去酒泉、西昌，或者文昌逛一逛，他说那是梦开始的地方。

愿我们这本倾注了心血的书能为你插上翅膀，助你飞向梦中的远方。